LA SCIENCE

DE L'ESQUIVE

DU MÊME AUTEUR

Sous le compost, Fleuve Editions, 2017 ; HarperCollins Poche, 2020

NICOLAS MALESKI

LA SCIENCE DE L'ESQUIVE

ROMAN

Harper Collins
TRAVERSÉE

HARPERCOLLINS FRANCE
83-85, boulevard Vincent-Auriol, 75646 PARIS CEDEX 13
Tél. : 01 42 16 63 63

www.harpercollins.fr

ISBN 979-1-0339-0414-4

Pour Isabelle Hiffler et Christian Garcin,
parce qu'ils étaient les seuls à m'écouter
quand je me bagarrais dans mon coin.

« J'étais de l'ombre, j'étais des cavernes,
J'étais de nulle part et j'allais n'importe où,
J'étais le mouvement, doué pour l'esquive,
Car il n'existe d'autres stations que la mort. »

Kamel Wozniak

L'autocar escalade la pente avec une allure de corbillard. À son bord, une dizaine de passagers clairsemés dans les rangs, dont la carrure de Kamel Wozniak, assis au fond côté fenêtre. Il a eu raison, c'est un bon endroit pour se cacher, difficile d'accès, en marge des routes principales. On ne vient pas ici par hasard. Au sommet, c'est une longue steppe parsemée de rochers, sans un village ou une ferme. Le béton ne lui manque pas, mais c'est comme si on lui retirait un repère. Son visage se reflète dans la vitre, faciès glacial des Slaves et peau hâlée des Arabes. Cicatrices anciennes sur le front, pommettes hautes, nez fin, cassé. Ses yeux flottent au loin sur la grande pelouse jaune. Wozniak commence à se détendre. Le plus dur est derrière lui. Il a traversé la moitié du pays sans laisser de traces. Trois heures de train plein sud à grande vitesse. Puis deux heures de plus à remonter vers le nord, secoué dans une micheline presque vide avec des arrêts à toutes les gares fantômes. Et pour finir, ce car qui semble immobile tant le paysage est immense. Le tout payé en liquide.

La descente vers les gorges lui paraît légèrement féerique dans l'éclairage de fin d'après-midi. Le seul point noir est ce mariole qu'il n'a pu s'empêcher de brutaliser ce matin, juste avant d'atteindre la gare. Ce mec qui l'a pourchassé sur trente mètres, du genre hargneux, et qui menaçait l'exécution du plan, jusqu'à ce que Wozniak l'expédie d'un coup de tête.

Le bourg est plus bas, tapi près de la rivière, canyon creusé dans la masse du causse. Kamel ne connaît pas les lieux, sinon qu'il s'agit d'une petite ville, pas assez grande pour garantir l'anonymat, et cependant assez touristique pour que les gens ne se posent pas de questions sur les étrangers. L'anxiété remonte à l'approche de la gare routière, l'impression d'être observé lorsqu'il descend du car, d'être reconnu alors qu'il gagne le centre à pied son sac sur l'épaule. C'est l'adrénaline qui l'a porté jusque-là, et maintenant qu'elle reflue, la paranoïa s'engouffre dans l'espace vacant. Il traverse un pont de fer, la rivière aux plages de galets. Son tic revient l'aiguillonner, cette manie de s'étirer les mâchoires comme un rugissement aphone. Ce n'est plus tout à fait la crainte d'être attrapé, ni non plus le sentiment de culpabilité. C'est cette nouvelle vie, clandestine, qui s'ouvre sans retour possible. À la fin d'un virage, une gendarmerie se dresse soudain, aux angles vifs, avec un flic en faction plus loin derrière la clôture, occupé à cracher dans l'atmosphère chaude. Wozniak serre les dents. Son cerveau lui murmure qu'on ne voit que lui sur le bord de la route, en situation irrégulière. On doit le prendre pour un hors-la-loi. Le soleil lui tape dans le dos. Il se sent seul avec son ombre, exposé comme une cible.

Le centre est juste après, une esplanade tout en longueur, des commerces à vendre, des terrasses de café sous les platanes. Plus loin il y a des ruelles aux volets coffrés, du linge aux fenêtres, un ruisseau qui descend de la vieille ville. Au second plan, les parois du causse bloquent les regards.

Le meublé s'appelle Les Catalpas. Il est situé à la sortie du patelin, la dernière maison près de la rivière. C'est une construction plus haute que large, une grille rouillée, un jardinet mal entretenu, les arbres qui camouflent la façade. Tout est conforme à ses attentes. Il a choisi cette location par l'alchimie des moteurs de recherche, l'a réservée pour deux mois sous une fausse identité.

La propriétaire est là, chignon gris, figure austère. Fine croix dorée rehaussant le col de son chemisier. Ils font le tour, elle lui montre tous les trucs à savoir, il n'écoute rien, il entend juste le son de sa voix. Le rez-de-chaussée est un volume unique dans lequel un escalier de fonte tombe en spirale. Il approuve, il opine pour avoir l'air de dire quelque chose, il simule une satisfaction timide. Au premier, les chambres donnent sur l'arrière, la terrasse sous les catalpas, les balançoires noyées dans la végétation, la rivière au bout du terrain. À gauche, la baraque des voisins aux volets mauves, fondue derrière la haie vive. C'est grand pour une personne seule, mais la vieille ne relève pas. Ils sont redescendus. Wozniak règle le séjour en petites coupures, de la même façon qu'il a versé l'acompte.

— Mon fils viendra vous réparer ça.

Elle veut parler du volet roulant du salon, qui ne s'ouvre pas. La lumière filtre en pointillé, réfléchie par la poussière en suspension. Wozniak ne peut pas objecter que ça ne vaut pas la peine de réparer. Il ne va pas lui expliquer qu'à l'exposition des baies vitrées il préfère l'opacité des stores baissés. Dès lors il doit s'attendre à l'intrusion prochaine d'un emmerdeur dans sa planque. Mais il a réussi, voilà l'essentiel, il est loin maintenant, à l'abri des regards et en sécurité. Il a un toit sur la tête et des murs autour. Il va se terrer comme dans un bunker. Il cache les liasses dans un placard de la cuisine. Il s'assoit sur le bord du canapé, les coudes sur les genoux. Il respire enfin. Il prend conscience de l'odeur de son T-shirt qui sent la peur et les épreuves, la sueur qui a macéré. Il reste avec, il reste là-dedans, une odeur rassurante, ça le protège. Le fond de la pièce est tapissé d'une photo gigantesque qui représente une scène de montagne bucolique. À côté, il y des étagères en bois remplies de livres. Ça tombe bien. Le temps va être long et il va falloir éviter de cogiter.

Wozniak ne sort pas de la maison, il n'a pas l'intention de s'exhiber dehors. Il s'astreint à une période de sûreté, une quarantaine. C'est un forcené. Un dissident, un déserteur. Il fait durer un paquet de riz trouvé dans un placard. La tension, la nécessité de rester caché, ça le dispense du besoin de se nourrir. C'est la malchance qu'il craint le plus, qu'un mec l'identifie par hasard. Rien n'est plus imprévisible qu'une coïncidence, une étincelle qui suffirait à ce que tout s'écroule. Par exemple l'infime probabilité de tomber sur une tête connue. Dans les situations périlleuses, où un détail insignifiant peut vous perdre, la superstition a le rang d'une science exacte.

Il n'écoute pas la radio, n'allume pas la télé. Il s'est très bien adapté à l'absence de connexion, sans ressentir le moindre manque, plutôt même une forme de soulagement. Il ne veut pas savoir si on parle de lui dans les journaux. Il n'est pas un homme bon, il est au courant. Il est conscient d'incarner ce que l'humanité recèle de pire. Une racaille, un type à lyncher. Il a choisi de vivre avec ça, en s'efforçant de ne pas visiter le passé. Il a construit un mur de séparation dans sa tête pour s'interdire de pénétrer dans certaines pièces. Jusqu'ici tout se déroule comme prévu mais ce n'est que le début. Son étape dans cet endroit isolé ne constitue qu'un prologue. Il a besoin de souffler, disparaître des écrans satellites, besoin de s'endurcir avant d'organiser la suite. La suite c'est l'hémisphère sud. Par escales, sous de fausses identités, en multipliant les moyens de transport. Et au bout, rallier la Tasmanie. C'est tout en bas sur les cartes, dans un coin. Là-bas il pourra refaire son trou, vivre sur une plage, rouler sans casque, traîner en débardeur. Il pourra même se mettre à la pêche en mer, pourquoi pas ?

Pour le moment il tourne en rond. S'il a préparé soigneusement sa fuite, il n'a pas anticipé sur la manière de meubler les heures du quotidien. Alors il dort. Il lit. Il se laisse pousser la barbe. Il vit comme un taulard. Il alterne les séries de pompes et les répétitions d'abdominaux. Il saute à la corde dans l'obscurité du salon. Il s'abîme dans la contemplation d'un atlas. À regarder les cartes, ça lui donne envie d'habiter partout. Wozniak étudie les pays, les frontières. C'est passionnant ces routes, ces détroits, ces fleuves. Il y a tant de voies possibles pour atteindre au but, de l'autre côté de la planète. La seule perturbation vient du fils de la propriétaire. Il s'appelle

Richard, Richard Villersexel. Il se signale un matin, boîte à outils à la main.

— Ah vous avez trouvé ma corde à sauter. Vous avez bien fait, j'ai dû m'en servir deux fois.

Ça se voit tout de suite que c'est un casse-couilles. Grande perche en pantalon trois quarts, la grosse trentaine. Une tête de bande dessinée : traits à la serpe, paillasson de cheveux poivre et sel, nez qui pendouille comme une saucisse molle. Wozniak sait d'avance qu'il ne viendra jamais à bout de ce volet roulant, dont Villersexel a d'entrée le plus grand mal à dévisser le coffrage. Il l'entend s'agacer dans le salon, tandis que lui ronge son frein dans la cuisine où l'autre ne tarde pas à le rejoindre. On reconnaît à peine sa chemisette sous les taches de cambouis.

— Rien à faire, c'est du ressort d'un réparateur. Il faut que j'appelle quelqu'un. Donnez-moi trois jours. En ville, il n'y a personne de compétent.

— Non, laissez tomber. Avec cette chaleur on se calfeutre. On se barricade.

Justement, d'après Villersexel la météo prévoit encore du chaud, aussi longtemps qu'il est possible d'en prévoir. On n'est pas près de voir des nuages. Cela dit les orages peuvent s'avérer soudains dans la région, surtout l'été. Violents même. Il n'est pas rare que ça inonde. L'hiver c'est la neige. C'est un pays rude. Rude mais généreux.

— Est-ce que vous avez goûté les fromages ? C'est une appellation protégée...

Il est bien gentil, mais Wozniak n'est pas venu jusqu'ici pour écouter son baratin.

— Vous verrez pour le gaz. Si la bouteille est vide, il y en a une autre au garage... Vous avez eu affaire à ma mère l'autre jour mais en réalité c'est ma maison. J'ai laissé pas mal de trucs à moi, si vous avez besoin servez-vous. Et je peux aussi vous envoyer notre femme de ménage. Sinon, vous faites quoi dans la vie ?

Cette question fatale, Kamel savait qu'on la lui poserait tôt ou tard. Il s'y est préparé. L'énoncé qu'il va lâcher, il en a répété chaque mot, il en a pesé le rythme et l'intonation.

— Disons que je suis dans une espèce d'entre-deux pour le moment... À part ça, j'essaye d'écrire un roman. Ça fait des années que j'y pense. Ça y est, je saute le pas.

Une couverture qui justifie qu'on s'enferme sans voir personne.

— Tiens, c'est marrant moi aussi j'écris. Un roman policier. Avec du suspense. Ça se passe dans la région. Une histoire de meurtre à base d'arnaque aux assurances. À la fin, ils enterrent le type dans le jardin.

Kamel ne relève pas. Il laisse à Villersexel le temps de se trouver ridicule, puis le soin de changer de sujet : dans la vraie vie, il est dans les assurances en fait. Il a repris l'agence de son père. C'est pépère, sans risque. Un bon gagne-pain.

Ce disant, il bat en retraite vers la porte de la cuisine, disposé à libérer les lieux, il avance sur la terrasse, le regard perdu au loin à travers la forêt vierge du jardin, bute contre la balancelle.

— Vous avez vu des canoës ? Il y en a souvent qui descendent...

Au bout de la propriété, on perçoit la rumeur de la rivière. Wozniak n'ouvre toujours pas la bouche. Tout dans ses attitudes exprime qu'il fuit la compagnie, qu'il est du genre taciturne, sinistre pour le moins, voire dangereux. Et l'autre trouve le moyen de lui demander s'il regarde les canoës, c'est un tour de force.

— Allez, j'y vais. J'arrête de vous ennuyer.

Cette formule raisonnable à peine prononcée, il est pris d'une nouvelle inspiration, comme guidé par la résurgence d'un souvenir à vif.

— Merde, je supporte plus cette baraque. Trop de charge émotionnelle. Je me suis résolu à la louer. Vous êtes mon premier client. Depuis que ma femme...

Il est sur le point de fondre en larmes. Wozniak se dit que c'est bien sa veine, il fallait que ça lui tombe dessus, un tocard pareil, ce pot de colle dépressif. Mais Villersexel s'est ressaisi, il lui serre la main sous les catalpas, une poignée de main qu'il prolonge plus que de nécessité, le temps de se recomposer un visage.

— J'habite chez ma mère maintenant. La villa rose près de la poste. Comme ça, vous savez où me trouver en cas de pépin.

— Oui, en cas de pépin. Remarquez, je suis certain que la maison est bien assurée.

Richard le fixe de ses gros yeux désemparés. Il reste planté, abject avec sa trogne jetée en trois coups de crayon.

— Bon. Désolé mon vieux. Allez, il faut tenir le choc.

— La veille on est ensemble, on forme une famille, le lendemain c'est terminé…

Wozniak le regarde partir, géant ralenti aux épaules voûtées. Il est long à gravir la pente jusqu'au portail, avec vingt centimètres d'un lacet dénoué serpentant derrière lui, symbole de la défaite que semble constituer sa vie entière. Jaillis de son pantalon trois quarts, ses mollets brillent par leur absence et leur blancheur de craie. Il se retourne pour un dernier message.

— Faut pas hésiter à taper dans mes bouquins. J'en ai plus de mille.

À rester cloîtré, c'est le meilleur moyen d'éveiller les soupçons. Et puis ça ne rime à rien de mourir de faim, il doit ravitailler. Le premier jour, il a repéré un supermarché près de la gare routière. Il détache quelques billets des liasses cachées derrière les casseroles. Il y a un vélo au garage, panier à l'avant, sacoches de postier sanglées sur le porte-bagages.

Le ciel flotte sur les gorges comme un drap bleu. Le grand air lui donne le trac mais c'est bon d'être en vie. Wozniak goûte la liberté précaire des hommes en cavale, où tout n'est que danger, où l'on jure dans le décor. Après le centre, il dépasse le pont de fer, la gendarmerie. Bourrées d'énergie physique, ses cuisses brûlent d'aller vite, elles ne demandent qu'à soumettre ce vélo de mémère. Plus loin, une station d'épuration désaffectée, vendue aux herbes folles, un complexe sportif en béton brut.

Surgit enfin le supermarché, tout en majesté. Le parking est plein, le magasin aussi. On dirait que toute la ville s'est donné rendez-vous. Dans le hall, Wozniak contourne une femme en blouse qui passe la serpillière. Cette silhouette ratatinée convoque celle de sa mère. Ça ne lui arrive quasiment jamais d'habitude. Il n'aime pas quand ça le prend, il n'aime pas se souvenir d'elle.

Il est trop sur ses gardes. Les gens l'observent. De quoi il a l'air aussi ? D'un gangster, un desperado. Son jean tient debout tout seul. Il ne s'est pas rasé depuis qu'il est là. Son tic se remémore à lui. Hagard, les yeux braqués sur le carrelage fendillé, il est comme un amnésique qui vient de se réveiller, à se demander ce qu'il fout là, dans ce bled, au milieu du rayon vaisselle. Cette question, il se la pose avec le vertige qu'on éprouve à sonder l'Univers, à imaginer par quel hasard tout ça existe. C'était les mêmes songes, lorsqu'il creusait des galeries dans sa tête, poids mort allongé entre les draps à l'autre bout du pays, lampes éteintes, tandis que les bruits assourdis du boulevard grimpaient jusqu'à sa fenêtre. Et cette voix qui crépitait en lui. Cette voix comme on capte une fréquence lointaine et brouillée, dans une langue qu'on ne connaît pas et dont on a pourtant l'intuition qu'elle s'adresse à vous. « Enfuis-toi, c'est ta dernière chance. » Dans cette proposition il y avait la puissance d'une alternative. On lui mettait la solution sous les yeux.

Il se refait à mesure qu'il remplit son panier roulant, il parvient à se détendre, se fondant dans la masse. Il s'installe dans la peau du touriste lambda, celui qui se moque de détonner. En promenant son panier au rayon pêche, il s'est trouvé un treillis kaki, une chemise de bûcheron, une casquette noire pour planquer ses cheveux, quelques maillots en coton façon grand-père. C'est dépaysant ces allées vieillottes. Pourtant c'est la même marchandise, les mêmes gondoles que partout ailleurs, les mêmes promotions débiles. Pris dans le mouvement, il achète n'importe quoi, une tonne de bouffe, il n'a jamais eu trop l'habitude de faire les courses.

La caissière a des joues de gamine et s'appelle Prune. Elle porte le boléro réglementaire du magasin, et dessous on peut lire l'inscription « Fuck the Church » écrite au marqueur sur le col de son T-shirt. Il sort des billets froissés de son jean.

— C'est pas votre genre, la carte du magasin ? Je vous la demande pas, j'imagine que vous en avez rien à battre ?

C'est la première fois qu'il sourit depuis qu'il vit caché.

Aux Catalpas, il ouvre une bouteille, sort sur la terrasse, à la brune. Il a juste envie de se décrisper. Il s'assoit dans la balancelle avec un paquet de chips, à l'abri des arbres qui jettent leurs branches jusqu'aux volets des chambres. La bouteille est calée entre ses cuisses. Il sait qu'il vaudrait mieux ne pas boire, ce n'est pas indiqué pour conserver la tête froide. Tout pourrait revenir brutalement à cause de l'alcool, tout ce qu'il faut maintenir à distance.

Le jardin est silencieux mis à part les grillons. Dans cette jungle, la lumière aux couleurs passées est celle des vieilles photos nostalgiques. Il se tient longtemps comme ça, visage rigide, le sel des chips lui rongeant les lèvres. Les armées du soir montent à l'assaut, changeant les arbres en hallebardes. Il pense au futur, à la Tasmanie. Il sait d'où lui est venue l'idée, lorsqu'il a fallu se décider pour un asile. Un reportage qu'il a vu tout gamin, très tard dans la nuit, tandis que sa mère était partie travailler en laissant la télé allumée pour garantir une présence. C'est un souvenir lointain, des images émoussées, mais il peut encore capter l'abîme qu'il y avait à ressentir l'exotisme, seul dans la case numérotée d'une barre d'immeuble.

Maintenant, il lui manque un maillon, le moyen d'aboutir à destination. Il a gagné la première manche, il s'est montré agile, soluble dans le temps et l'espace. Tout a fonctionné comme prévu, il est parvenu à creuser l'écart. Mais il ne concevait pas la suite aussi laborieuse lorsqu'il préparait son coup. Il sent qu'il ne pourra pas renoncer à la violence pour s'en sortir. Dans le ciel, il n'y a plus le moindre rayon qui vive. Rien ne se passe, seul le temps coule, n'activant rien, n'actualisant rien. Sauf que Kamel est en train d'achever la bouteille. L'alcool lui inocule des idées pratiques. S'il faut davantage de fric, il pourra toujours braquer ce supermarché de campagne. Voler une voiture pour envoyer les kilomètres. Il se persuade que les choses seront plus simples hors du pays. Tout passé aboli derrière lui. Tout sera possible, ouvert. Les jours critiques ici, coincé dans ce meublé de vacances, ne seront plus qu'une péripétie.

Avant onze heures, il est K-O, assommé par la boisson. En plus il n'a mangé que des chips. Il quitte la balancelle comme un grabataire sort de son lit et se couche habillé sous le ventilateur du plafond. Les déflagrations d'un hibou en contrepoint. Il aime bien ce hululement furtif, venu de nulle part, alors qu'il ne pouvait plus saquer les pigeons. En s'endormant, il sait qu'on le pourchasse, il le sent. Il y a ce champignon douloureux qui lui pousse dans la gorge, et qui lui donne envie de passer un coup de fil à travers la nuit et la distance.

Wozniak ouvre un œil, foudroyé par l'acide de la gueule de bois. Il sait où il est, il se rappelle tout. Il se roule en boule, c'est comme si on le frappait à coups de bottes. Rien ne peut modifier le torrent de ses pensées. Le remords, inexpugnable, le sentiment de la faute, la torture mentale. C'est un filtre au travers duquel il repeint son existence. Il se met à chialer, les dents plantées dans l'oreiller, il chiale sur la merde noire dans laquelle il s'est plongé jusqu'au cou. Il chiale sur les vies qu'il a foutues en l'air. La culpabilité le démolit par vagues. Il voudrait avoir le courage de se tuer. Se jeter à l'eau. Il paraît qu'il suffit d'aspirer pour se remplir les poumons, et puis que la lueur du jour s'éloigne, que tout nous échappe, que c'est irrémédiable et rapide.

L'aurore approche, poisseuse et grasse, une aurore aux mains sales qui rampe par la fenêtre et lui griffe les paupières. Le drap pèse si lourd sur ses membres qu'il a l'impression que le toit s'est écroulé. Il donnerait tout pour retourner un mois en arrière, n'avoir pas plus de tracas qu'il n'en avait alors. Il donnerait tout, même si ce n'est pas possible. Il ne peut y avoir aucune rédemption, aucune amnistie. Il sort sur la terrasse avec un café réchauffé. C'est le matin, mais ce matin n'annonce pas un renouveau. Rien ne s'est modifié comme par magie, tout est là, intact. Il sait d'avance qu'il s'est levé trop tôt, que la journée va être longue et qu'il en restera longtemps prisonnier. On entend un aboiement triste venu d'une maison de la rue, le cri défaillant d'un chien captif, qui exprime la douleur de vingt ou trente siècles de vassalité. Wozniak aimerait être ce chien, avoir des problèmes de chien, pas davantage de responsabilités. Il a présumé de ses forces. Il n'est pas à la hauteur. Il ne lui reste plus qu'à payer le prix. Ça n'aura servi à rien. Tout lui paraît vain et pathétique. Tous les plans paraissent grotesques lorsqu'ils ont échoué, même les plus sophistiqués, même les plus abominables.

Il n'en peut plus de ce meublé, tout est daté. Les murs se referment sur lui. L'escalier ressemble à une vis géante qui aurait percé le plafond. Il est comme dans une boîte qui pue la mort, dont le mauvais goût accentue l'oppression : le papier peint, les bibelots, les trophées de pêche. Il ne supporte plus le sifflement de la corde à sauter. Ça ne l'amuse plus les tractions rageuses, suspendu à l'escalier. Se taper la tête contre les murs, il l'a expérimenté en vrai. Parfois, la nuit, il arrête de respirer, la gorge nouée, il se réveille avec la sensation d'avaler une fourchette. Il étouffe. C'est comme si on l'avait renvoyé en prison. Il n'a pas fait tout ça pour ça. Wozniak va tout casser s'il ne sort pas sur-le-champ.

Il se jette sur la porte, manque de l'arracher. Ça ressemble à un accès de claustrophobie. Il court dehors, traverse la route, escalade le causse par un sentier à fleur de pente, à bout de souffle, le jean fouetté par les ronces. Là-haut, le plateau aride mijote sous le soleil brûlant. C'est la photographie du début, celle qu'il a parcourue le front appuyé sur la vitre du car, milliers d'hectares de tôle ondulée. Rien ne bouge, à part un peu de poussière. Tout a l'air disponible et néanmoins inaccessible. À perte de vue, ce n'est que de l'espace vacant, la pelouse rase, le paysage qui semble en ruine à cause des rochers disséminés. La vraie nature, sauvage et désertique, Kamel savait que ça existait, mais c'était seulement des documentaires sur lesquels on tombe par erreur. Là il y est. Il se sent dans un monde anachronique. Il ne serait pas étonné de voir débouler un troupeau de bisons, des Indiens à cheval, des bandits mexicains.

Wozniak va y retourner plusieurs jours de suite. Il a mis la main sur un short dans un placard, une paire de baskets quasi neuves, un peu grandes, mais ça ne l'empêche pas de courir.

Un matin, il s'aventure du côté de l'esplanade aux platanes. C'est jour de marché, les rues du centre sont coupées à la circulation. Il est tôt, l'heure où les livreurs déchargent des caisses de bouteilles devant le bar de l'angle. Mais il y a déjà du monde, des autochtones et aussi pas mal de touristes. Cette agitation hétéroclite, ça le régénère. C'est une belle ville, des vieilles pierres, les façades érodées aux tons jaune d'œuf, blanc coquille. Wozniak pousse la bravoure jusqu'à commander un café en terrasse. Il s'assoit au soleil, avec la sensation de défier la terre entière à s'afficher au grand jour, en flagrant délit d'une activité frivole. La chaleur monte en lui, le rouge à ses joues. Ce n'est pas la honte. C'est de goûter au projet qui se réalise, à l'impunité et aux futurs possibles. Une euphorie frissonne dans ses veines en overdose, tel un gros caillot, telle une anguille. Ça ressemble à un moment de bonheur physique. Il observe les allées et venues avec une maîtrise feinte, un peu démesurée. Ici on ne sait rien de lui. Le ciel est limpide. Tout est limpide, nouveau. Dans la profondeur de champ, la carapace du causse est une tortue fossilisée. Il se demande quel regard il jettera sur tout ça dans dix ans, quelle lecture il fera de ses frasques avec le recul.

C'était monté progressivement. Les insomnies, pas toutes les nuits mais presque. Cette charge sur la poitrine, une suffocation lente. La station de radio qui lui prodiguait ses conseils : « Fuis, sinon tu vas mourir. » Ce n'était pas des bouffées délirantes. Il savait qui s'incarnait dans la voix. C'était son instinct de survie qui lui transmettait des messages. Alors il laissait courir son besoin d'évasion. Se téléporter ailleurs en imagination. Recroquevillé sous une bâche, dans le coffre d'une voiture dont on ne connaît la destination. Ou clochard déchu sur une paillasse de cartons au cœur d'une mégapole. Il s'inventait des films, avec toujours la présence latente du danger, des climats de science-fiction. Réfugié dans une grotte, tentant de survivre après l'apocalypse. Ermite dans une cabane isolée à couper du bois dans l'urgence de ne pas mourir de froid. Ou naufragé à la dérive sur un radeau. Il se rengorgeait de ces conditions à la dure, aux vertus fortifiantes. Le besoin de souffrir, de se lancer de mauvais défis, comme on se colle une lame de couteau chauffée à blanc sur le biceps.

Au moment de payer, il repère la voisine devant une épicerie. Il la suit des yeux un instant, et même il la suit tout court, dans une ruelle en escalier, puis dans le sillon qu'elle trace parmi les chalands. C'est bizarre, cette fille l'intrigue, elle l'attire. Elle sinue dans la rumeur marchande et la foule qui grouille sous la mosaïque des parasols. Un ruisseau partage le marché en deux, avec des écluses en cascade. Il ne sait pas si elle lui plaît. Enfin si, elle lui plaît, mais il ne sait pas pourquoi. C'est une beauté à côté de laquelle on pourrait passer sans la remarquer. Il se dit que les femmes sont plus jolies dans les petites localités, moins sophistiquées, à l'abri des effets de la compétition dévastateurs sur l'apparence. Il n'y a pas d'agressivité dans l'environnement, pas d'affiches partout pour prescrire du rouge à lèvres et des sacs à main.

Le marché s'intensifie dans les vieux quartiers, les rues étroites, s'éparpille sur une place pavée autour d'une fontaine. L'odeur des salaisons, des fromages et des fraises. La voisine est entrée dans une droguerie, il attend, guettant sa sortie sous une arcade. C'est une simple distraction, il n'est pas là pour jouer au joli cœur. C'est puéril mais ça l'occupe, il se divertit. Ce n'est pas d'aujourd'hui qu'il l'espionne. Par la fenêtre de sa chambre, il l'observe lorsqu'elle peint sur sa terrasse. Il la regarde pousser sa tondeuse dans un jean troué, cajoler ses fleurs, verser un arrosoir ici et là. Son jardin manucuré tranche avec la brousse qui règne chez Villersexel. Un vulgaire mateur, voilà ce qu'il devient à rester enfermé.

Elle ressort de la droguerie et saute d'un stand à l'autre. Wozniak lui colle au train, couvert par quelques figurants intercalés, il fait la queue derrière elle, s'adonnant à des emplettes de circonstance. Une seconde, il est si près qu'il la frôle. Puis il la perd, coincé dans la foule qui s'agglutine au seuil d'une ruelle en surplomb du ruisseau. Il retrouve l'esplanade, cherche son vélo, en vain. Un tour de place ne lui permet pas d'élucider cette énigme. On lui a piqué son vélo. Rien à faire, il ne va pas porter plainte. Il n'a plus qu'à rentrer à pied, dégoûté, avec ses provisions qui lui lacèrent les phalanges. Il regagne son blockhaus en regardant la rivière le long de la route. Au fond ça le réconforte d'exercer sa rancune contre X, d'être dans la peau de la victime pour changer. Jusqu'à ce que le passage d'une voiture de gendarmerie lui rappelle qu'il est un fugitif.

Chez les voisins, la maison semble assoupie derrière le coffrage des volets mauves. Il range ses courses et sort sur la terrasse avec un sachet d'olives, du fromage. Les pieds sur la table, Wozniak crache les noyaux en direction d'un pot de fleurs loupé neuf fois sur dix. Il s'en fout, il est bien tout seul, sous les branches qui tamisent la lumière. On n'attend rien de lui. Il finit par s'enfiler le gâteau acquis à prix d'or lorsqu'il jouait à la marchande. Un gâteau pour six. Fruits, crème, amandes grillées. Il n'a peut-être jamais rien mangé qui lui procure une telle extase. Ou alors c'est l'environnement, l'odeur de l'air, propre et chaude. De là où il vient, même le soleil paraissait dégueulasse.

Après ça, il s'allonge dans l'herbe. Le relâchement l'emporte sur le tout le reste. Il se dit que c'est comme des vacances. Et n'était-ce pas tout ce qu'il souhaitait, être en vacances ? Que plus rien ne l'atteigne. Ne plus être comptable de quoi que ce soit. Il n'a pas de leçons à recevoir. Personne ne peut se mettre à sa place. Ce qu'on peut pêcher à droite, à gauche, dans les livres ou les journaux, et même ce que racontent les gens, les phrases frappées de bon sens, ça n'a que peu à voir avec la réalité de l'existence, ce n'est qu'une pâle interprétation de ce qu'est vivre.

Il sort nager lorsque la nuit tombe, profitant de la berge en bas du jardin pour se mettre à l'eau. Plus bas, en direction du bourg, il y a une plage étirée où les gamins construisent des barrages et des tas de pierres. Encore plus bas, une succession de petites cascades. Puis un verrou rocheux qui engendre un long bassin naturel. Les gens viennent se baigner là, surtout les jeunes du cru et les campeurs. À cette heure les lieux sont déserts, la ville n'est pas loin mais on n'entend que les bruissements de la rivière. Kamel se faufile lentement, les yeux mi-clos, piètre nageur, crocodile entre deux eaux.

Une voiture ralentit devant le meublé. Carrosserie bleu foncé rayée d'une transversale blanche. Rampe de gyrophares sur le toit. Le véhicule s'immobilise, après un enchaînement de manœuvres qui traduit un soin obsessionnel à s'aligner sur le bas-côté. Un uniforme s'en extrait souplement, claque la portière avec soin. C'est l'officier de gendarmerie Soraya Brahimi, sa mine de fausse ingénue, sa frange au cordeau, ses lunettes rouges. Qu'est-ce qu'elle veut encore cette fouille-merde ? En apercevant Wozniak, elle a pour lui un petit salut militaire, puis elle ouvre le portillon pour descendre à sa rencontre.

— Vous avez retrouvé mon vélo ?

— Non. D'ailleurs on ne progresse pas. Je passais chez vous comme ça… Vous êtes sur ma route.

Wozniak force son détachement pour dissimuler l'appréhension. Celle qu'on éprouve quand on est sur la route des gendarmes, qu'ils s'intéressent de trop près à votre personne. Elle est peut-être tombée sur un avis de recherche, c'est possible. Dans le doute, il vaudrait mieux quitter l'endroit...

— Je voulais aussi vous dire que j'ai donné votre adresse aux parents du jeune Vidal. Ils veulent vous remercier. C'est des gens d'ici. Des maraîchers.

Un bruit de tondeuse, suivi de l'odeur du gazon coupé qui franchit la palissade des voisins.

— En ville tout le monde est au courant. Vous êtes le héros de service.

Pourquoi ne pas lui décerner une médaille tant qu'on y est ?

— C'est démesuré. Il y avait aucun danger, il y avait pas de courant. J'ai pas plongé tout habillé... J'étais juste à côté. L'eau était même pas froide...

— Oui, mais vous étiez là quand il fallait. Vous l'avez sauvé. Les gens auraient aimé être à votre place, ils s'identifient. C'est le principe du héros.

OK, elle est philosophe en plus d'être gendarme...

— Et lui, comment ça va ?

Wozniak feint de se préoccuper, histoire de parler. Cette visite accélère son rythme cardiaque mais il s'efforce de paraître sociable, poser les questions normales.

— Il s'en tire avec une épaule déboîtée. Il n'était pas alcoolisé, mais vu l'état dans lequel on a retrouvé ses copains, ils avaient dû consommer des stupéfiants. Planqués en haut de la falaise.

C'était l'accident bête. Wozniak se baignait à l'endroit habituel. La lune était puissante et les nuages se délitaient au-dessus de la ville. Soudain, une explosion terrible. Un rocher qui venait de crever la surface à deux mètres de lui. Ce fracas sorti de nulle part et puis plus rien. Il avait regardé en haut mais c'était terminé. Alors il avait plongé, distinguant des cheveux, des habits dans l'encre noire, une masse inerte dont il avait saisi un bras pour le tirer jusqu'à la berge. Des flâneurs s'étaient approchés pour l'aider à hisser le corps jusqu'au replat. Le gars avait fini par ouvrir les yeux et toussait sans que personne ne sache comment réagir. Une bonne femme répétait que les secours étaient prévenus. D'ailleurs, une ambulance s'annonçait à l'horizon. Les pompiers avaient glissé un brancard sous le blessé pour le charger dans leur camion et Wozniak avait reculé de quelques enjambées, il assistait à la scène comme un convive, spectateur fondu dans le décor. Il ne prêtait pas attention aux képis qui s'étaient invités eux aussi, et dont le gyrophare tournait à contretemps de celui des ambulanciers, striant le morceau de charbon du causse. Les gens parlaient de ce qu'ils avaient vu, chacun y allant de son commentaire. La femme qui avait prévenu les secours le pointait du doigt, une gendarme s'approchait, une couverture dans les bras.

Et maintenant, il se retrouve dans cette configuration pourrie, avec Brahimi chez lui, qui inspecte à la ronde, le jardin, la terrasse. Elle absorbe les détails, de ses yeux de flic qui n'ont pas appris à dissimuler leur méticulosité, pas non plus appris à gommer leur mépris. Puis c'est lui qu'elle examine. Il est gêné, il se passe la main dans les cheveux.

— Il y avait quoi, quinze mètres ?

— Vingt-deux.

Sa tronche de boxeur, Wozniak n'aime pas trop la croiser dans les miroirs, mais il n'a que celle-là, il fait avec. Il réprime son tic aux mâchoires, il sort un truc au hasard.

— Ouais, mais ils doivent se morfondre les jeunes ici. Il faudrait qu'ils sortent, qu'ils voient du pays. Je sais pas, il faudrait leur payer des séjours...

La gendarme remonte ses lunettes, machinale. Elle a le masque teigneux des convoyeurs de fonds, regards mauvais pour tout ce qui bouge, prêts à dégainer.

— Des séjours ? Des séjours en prison, vous voulez dire ?

Elle ne plaisante pas. Un silence s'intercale entre eux. Brahimi ne donne pas signe de vouloir le lâcher à si bon compte. Qu'est-ce qu'elle cherche ? Elle s'incruste tellement que l'impolitesse va changer de camp si Wozniak ne l'invite pas à s'asseoir. C'est elle qui relance la conversation.

— Vous préparez une course ? Je vous vois souvent courir.

Sur le moment, après l'accident, Kamel s'était soumis de bonne grâce aux questions. Il avait pris le parti de jouer au bon élève. Se mettre les forces de l'ordre à dos, ça n'entrait pas dans sa feuille de route. D'autant qu'il n'avait rien fait d'autre que de repêcher ce morveux. Mais elle avait fini par le déstabiliser avec son interrogatoire à charge.

— Écoutez, madame. Je me baignais. Oui, la nuit. On a le droit de se baigner, non ? Même la nuit. C'est pas interdit ? Vous auriez préféré que je le laisse se noyer ?

Quand même, elle avait fini par s'excuser, reconnaître sa maladresse. Et Wozniak avait eu un rire jaune, porté par une sorte d'indignation vertueuse.

— Ah, voilà. Content de vous l'entendre dire. Et tant que vous êtes là, on m'a volé mon vélo l'autre jour. Sur la place encore, un jour de marché ! Bon, si jamais vous le retrouvez...

Elle se taisait. L'ambulance était repartie. Moteur allumé, la voiture bleue continuait de strier la falaise de ses girations infatigables. Un froid humide était tombé sur le vallon. D'intuition, Wozniak exagérait son grelottement. Et à présent, le soleil descend vers le causse. D'ici un moment, il aura chaviré de l'autre côté.

— Non, je cours pour rien, pour le plaisir.

— Moi aussi. On va dire que ça me change des séries, quand c'est pas les jeux vidéo... Pas grand-chose d'autre pour s'occuper par ici. Je cours tous les jours. Si ça vous intéresse, j'ai le diplôme d'entraîneur fédéral.

Il ne veut pas la laisser entrer dans la maison mais il consent à lui proposer un fauteuil sur la terrasse, un verre d'eau pétillante.

C'est curieux de la voir à son aise, sourire léger, jambes croisées, dévoilant sa chaussette blanche impeccablement tendue. Brahimi fait la discute sans imaginer une seconde qu'elle s'impose. Elle est nouvelle à la brigade, elle effectue ce passage en territoriale pour acquérir du bagage, ne connaît personne dans la région à part ses collègues mais ça ne vole pas très haut. À rajouter à cela qu'elle n'est pas très campagne… Enfin c'est le tarif, ça fait partie du cursus. Elle a hâte d'être mutée dans des contrées où l'attendront des missions plus palpitantes. Intégrer une section de recherches ou d'investigation, c'est-à-dire le genre d'unités qui promet de l'action…

Kamel a des raisons de penser qu'elle ne soupçonne rien de son pedigree. Ou alors elle est très forte, ce qui ne cadre pas avec sa stature de flic champêtre et butée. Il se détend. Lui aussi il croise les jambes. Il pousse le vice jusqu'à trouver du charme à son polo bleu. En fait il ignorait qu'on pouvait si bien porter l'uniforme. Il ne conçoit pas de coucher avec une femme dans ces circonstances. Une gendarme. Pourtant, il décèle une sensualité inattendue dans son geste de balancer sa botte à crampons. Ce qui le chiffonne chez elle, c'est cet air à la fois candide et suspicieux. Ou alors, c'est lui qui pèche par excès de méfiance.

— Je comprends. À part les vols de vélos et des plongeons idiots, ça doit être calme par ici.

— Oui, sécurité routière, tranquillité publique, un soupçon de judiciaire. Rien de captivant…

Il la surprend à se mordiller l'intérieur des lèvres.

— Et vous ? Qu'est-ce que vous faites dans le coin ?

Kevin s'est rétabli très vite. Il ne porte plus son attelle. Il est venu annoncer la nouvelle à Wozniak, un soir que celui-ci enchaîne des réussites torse nu sur la terrasse, dans le piètre éclairage d'un piège à moustiques. Ils arrivent par le fond du jardin. Kamel est alerté par le silence, les grillons qui se taisent d'un seul mouvement. Déjà il est debout, le cœur dans la gorge. Puis il distingue les dégaines filiformes qui se meuvent dans les ténèbres.

— Et voilà le mec qui m'a sauvé la vie !

Wozniak renfile son T-shirt, range ses cartes. Ils sont cinq. Ils ont dû longer la rivière, ou débarquer par l'autre berge. Le bruit des grillons est revenu, aussi sûrement que la mer remonte.

— On se demandait si vous étiez du genre couche-tôt.

Kevin ne s'encombre pas des présentations. Il a rapporté un pack de bière, il le jette sur la table plus qu'il ne le pose. Avec sa clique de glandus, il joue au caïd, alors qu'il ne faisait pas le malin devant ses parents quand ils sont passés pour le remercier.

— Vous avez l'air cool, pour un vieux. Je veux dire, tout seul dans cette grande baraque mythique.

Les jeunes se sont installés dans les fauteuils sans demander la permission. Ils sont dépenaillés tous autant qu'ils sont, leurs effets relèvent davantage du chiffon que du vêtement. Et ça rigole, ça ricane, comme si Kamel n'existait pas. Il y en a même un qui marche sur les mains dans la pelouse. Les filles se mettent en devoir de rouler des joints. Elles s'appellent Prune et Lisa. La première ne doit pas se souvenir de lui mais Wozniak l'a croisée à la caisse du supermarché. Celui qui marchait sur les mains se fait surnommer L-A, prononcé à l'américaine.

— Nous aussi on voulait vous remercier. On était trop foncedés jusqu'à l'os, on n'a même pas capté quand Kevin a sauté. Quand les flics ont tapé leur visite, on a fait les morts sur la corniche.

L-A sait où dénicher une assiette creuse en guise de cendrier. Il connaît la maison pour le motif qu'il est le neveu de Richard Villersexel. Il joue à sous-entendre que la baraque est hantée, en référence à des trucs sinistres qui se seraient produits jadis. Ils doivent le prendre pour un demeuré. Wozniak ne va pas leur expliquer qu'il a été jeune avant eux, ça ne servirait à rien, d'autres avant lui ont essayé. Plus tard, L-A se met à grimper aux arbres, disparaissant dans le feuillage des catalpas. Des branches, il s'agrippe au mur près des fenêtres du premier, les doigts crochetés dans les pierres, et Prune ne tarde pas à le rejoindre.

— Attention, quand même. Si on peut éviter un autre accident, je préfère…

— Sérieux c'était pas de cul, on a plongé de là-bas des centaines de fois.

C'est le troisième garçon qui a dit ça, de sa diction ralentie. Il cultive de petits yeux encaissés et une barbe en broussaille pleine de saloperies. Il s'appelle Florian, c'est le plus âgé du groupe, au point de posséder le permis. Prune est déjà cramponnée à la fenêtre. Pendue à la force des bras, elle se hisse au garde-corps, qu'elle finit par enjamber.

— Ça vous scandalise pas, si on emprunte cette voie ?

Kamel a pris son parti de cette invasion, il se résigne à subir leurs turpitudes. Il parvient même à supporter leur phrasé désinvolte, les tics verbaux dont ils abusent. Après tout, rien n'est grave. Il n'a pas fumé depuis dix ou quinze ans, il lui suffit de quelques bouffées pour être explosé. De l'herbe pure, sans tabac. Il est raide. Son cerveau bute sur les détails, décortiquant la mécanique des phrases. Les mots ne semblent plus obéir à leurs définitions simples. Il flotte, comme après une dérouillée, expédié au tapis, lorsqu'il ressentait moins la douleur des coups que l'effet apaisant d'être enfin à l'horizontale, à planer dans quelque chose de cotonneux, incertain mais doux. Et que personne ne lui gueulait plus de rentrer dedans, d'arrêter de reculer, de cogner plus fort.

Il a encore un joint dans les mains lorsque Lisa lui en tend un autre. Elle n'a pas dû se laver les cheveux depuis trois semaines.

— Elle démonte celle-là !

— Ouais, ça démonte, votre truc.

Un souffle tiède s'invite dans les feuilles des catalpas, pas plus vif qu'une simple haleine. Du côté de la rivière, à la frontière de ce qui est humainement audible, Wozniak croit entendre le flux et le reflux des vagues, un bruit de marée. Justement Lisa lui explique qu'avant la mer recouvrait le causse, jusqu'à la fin des temps jurassiques, c'est-à-dire au début du crétacé, il y a plus de cent millions d'années, une époque où les dinosaures étaient encore une espèce juvénile. C'est trop mystique. Il acquiesce. Drôle de nuit. Kamel est traversé par un courant diffus de pensées molles qui se brise au gré des interactions dans les neurones. Le regard tourné vers l'intérieur, derrière le miroir sans tain de ses yeux, il se laisse envahir par des réflexions candides sur la condition humaine. Il repense à sa vie, à ses jeunes années. Il n'en serait sans doute pas là s'il n'avait pas envoyé un mec dans le coma. À coup sûr, il ne serait pas le même homme. Sans transition, il pense à Brahimi, la gendarme. Elle est revenue le voir la veille, sans raison motivée. Avec sa frange martiale, mais en civil. Une visite de courtoisie, semble-t-il. Sans doute qu'elle n'avait pas mieux pour s'occuper. Et maintenant ces gamins qui viennent passer la soirée chez lui. Il ne pourrait pas être leur père mais peu s'en faut. Ils sont au moins deux à fréquenter le lycée agricole, duquel ils sont en congé le temps de l'été. Plus tard, ils veulent s'installer tous les cinq, monter une ferme, produire des légumes et des fruits, du fromage et de l'huile de noix. Les idées ne manquent pas. Ils ne doutent de rien, ils sont fougueux et romantiques. C'est surtout Kevin qui défend le projet. C'est le mieux bâti du lot, large d'épaules, bras renflés. À l'entendre, il a toujours eu les mains dans la terre, il conduit des tracteurs depuis qu'il a huit ans. Il a du charisme, abstraction faite de sa coupe crypto-futuriste, long sur la nuque, ras sur les tempes.

Plus personne ne parle. Plus aucun joint ne circule. Prune et L-A ne sont pas redescendus. Wozniak soupçonne que l'équipe a pris l'habitude de squatter la maison en douce depuis qu'elle est inoccupée. Possible qu'ils possèdent une clé. Comme il n'a pas ouvert la bouche depuis longtemps, il se décide à briser le mutisme.

— Sinon vous avez prévu quoi pour les vacances ?

Il n'y a plus que Kevin pour répondre. Le petit barbu s'est endormi sur la balancelle, Lisa sur les genoux de Kevin.

— Rien de spécial. On traîne. On est bien ici. Qu'est-ce que tu veux qu'on aille faire ailleurs ? On se balade. Ça et autre chose…

À leur âge, des soirs comme celui-là, Wozniak s'employait à incendier des cabanes de chantier ou défoncer des abribus, il vandalisait les murs à coups de bombe de peinture.

— On connaît tous les spots garantis sans touristes. Si tu veux on t'emmènera faire un tour…

Le bruit des grillons lui parasite les oreilles. Combien peut-il y en avoir ? Si ça se trouve, il n'y en a qu'un ou deux à couiner dans la nuit, de ces cris qui disparaissent dès qu'on cesse de focaliser dessus.

Quand les deux autres réapparaissent, Kamel devine à leur allure ébouriffée de quelle manière ils ont tué le temps. Le jour n'est pas loin lorsqu'ils lèvent le camp. Kevin lui tend la main pour une longue poignée virile, dans la position du bras de fer, avant de le serrer pour l'embrasser sur les joues. Wozniak n'aime pas ce rituel avec lequel on fait semblant d'être intime. Mais venant de la part de Kevin ce n'est pas pareil, il y a ce lien entre eux depuis ce fameux soir.

Ils ont disparu par la rivière comme ils sont venus. Kamel s'ébroue, il s'arrose le visage à l'évier de la cuisine, finit par se mettre la tête sous le robinet. Son T-shirt est collé par la transpiration. Il se rend compte qu'il s'est laissé aller, toute méfiance bue. Relâcher le contrôle, perdre de vue les objectifs, c'est la meilleure solution pour tout foirer. Il s'expose bêtement aux menaces. Ils auraient pu lui piquer son fric. Il faut qu'il fasse gaffe, rester dans l'action, concentré. Au lieu de ça, il n'a pas d'autre idée que de fumer de l'herbe.

Remarque, il les aurait retrouvés pour leur éclater la gueule.

Un bruit mécanique vient troubler le sommeil de Kamel Wozniak. Dans sa léthargie, son cerveau l'assimile au martèlement d'un métro aérien. Il finit par émerger, s'assoit, la tête dans les mains, puis se décide à se lever. Villersexel. Ce con tape au carreau de la cuisine du plat de la main avec le projet manifeste de réveiller les morts. Il est venu prendre des nouvelles de son manuscrit, celui que Wozniak n'a pas l'intention de lire.

Il s'asperge la figure à l'eau froide, tandis que Richard s'occupe de la cafetière avec sa manie de faire comme chez lui. Kamel a terminé la nuit sur le canapé. Il s'endort rarement avant cinq heures du matin, il collectionne les insomnies, préoccupé tout autant de son passé que de son avenir, superposant deux lignes de pensée en permanence. Et même lorsqu'il arrête de spéculer, le raisonnement poursuit sa course comme un cheval ivre. Forcément, il n'est jamais debout avant midi.

— J'en reviens pas, t'es là depuis deux semaines et t'emballes une gendarme ! Comment tu fais ? Merde, elle est toujours fourrée chez toi !

Kamel reste muet, un pli d'amertume à la bouche. Il se capuchonne les cheveux dans sa casquette. Il sort sur la terrasse, pieds nus, avec de l'eau qui ruisselle sur ses joues semées de barbe éparse, goutte sur ses pectoraux tatoués. On devine qu'il ne sortira jamais de sa réserve, ni par plaisir ni par courtoisie. Sauf Richard, dont c'est hélas la quatrième visite.

— En fait je sais rien de toi. D'où tu viens. Je sais même pas si t'es marié, si t'as des marmots. Il y a du brouillard autour de toi. On dirait que t'as pris le maquis.

Ce disant, Villersexel reluque les gants de boxe dessinés sur la poitrine à l'encre noire, avec un prénom féminin brodé dans le fil des lacets. Wozniak lève un œil sur le jardin, la corde à linge. Il comprend mieux la réflexion de Villersexel : parmi les habits qu'il a étendus hier soir, les sous-vêtements de Soraya qui s'agitent sous le soleil. La dentelle rose se détache du lot de ses effets à lui, pour l'essentiel de la camelote achetée au supermarché.

— Tu te fais des idées, Richard. Tu as trop d'imagination. Remarque, si ça te chante je te raconterai ma vie un jour… Tu verras qu'il n'y a pas de quoi se relever la nuit.

Les raisons d'être rattrapé s'amenuisent. Mais il persiste à se méfier. C'est souvent lorsqu'on réduit la garde qu'on se fait poisser, lorsqu'on abaisse la cote de vigilance. En témoigne la banderille de Villersexel :

— Je dis ça, c'est que je trouve un peu louche que t'aies payé en liquide pour la location.

Comme quoi il faut faire attention à ce trouduc. Est-ce une coïncidence s'il remue sa petite monnaie dans sa poche de pantalon ? Ou alors un simple tic nerveux guidé par l'impatience de son tempérament.

Kamel ne prend pas la peine de se tourner pour lui répondre.

— Oh, ça... Tu sais, j'ai eu des démêlés avec les banques. Ils appellent ça des incidents. C'est le vocabulaire qu'ils emploient pour te confisquer ton chéquier. À la place ils te filent une carte avec un plafond ridicule.

À l'inverse, Wozniak en connaît déjà beaucoup trop sur Richard. Âge, profession, hobbys. Sans parler des photos de famille aux murs du salon. Il sait aussi pour sa femme qui s'est tirée et jusqu'aux prénoms de ses gosses. En quelques occurrences, Villersexel est parvenu à lui caser des pans entiers de son existence. Sa capacité à tout déballer aux inconnus force l'admiration. Là, il mentionne que sa cousine travaille à la Banque de France, elle pourrait sûrement...

— J'ai fait de la boxe plus jeune. C'est pour ça le tatouage, j'avais dix-neuf ans.

Il n'était pas futé à l'époque, pas très réfléchi. Pourtant ce n'est pas les qualités d'appréciation qui lui manquaient sur un ring. Certes, il avait ses points faibles, mais aussi la réputation d'une prudence rare. Jauger l'adversaire, doser chaque coup, ruser, ne pas s'exciter comme tant d'autres qui gâchaient leur énergie à gesticuler.

— Et la tête de chien sur ton épaule ? Ça fait référence à quoi ?

— Ça, c'est autre chose. C'est différent.

Villersexel se la boucle. Ils sont assis tous les deux du même côté de la table, sous les catalpas de la terrasse, à regarder droit devant vers la rivière. Leurs tasses de café fument dans l'air chaud.

— T'aurais pas une bonne mousse plutôt ?

Kamel le considère pendant cinq secondes. Sa décision est longue à se dessiner. Il hésite. L'hospitalité d'exaucer son visiteur, ou le jeter dehors à coups de pied au cul. Il évalue la situation sans qu'aucune position ne l'emporte. Il lui reste encore des bières de Kevin. L'autre soir ils n'ont fait que fumer. Il va jusqu'au frigo, revient avec une canette. Richard lui dit merci. Ce n'est sans doute pas la première de la matinée. Il boit une gorgée lente et profonde, met sa soif sur le compte d'un mal de crâne qu'il espère soigner avec un peu d'alcool.

— Je dois avoir une tronçonneuse dans le garage… Ce jardin est une pitié à côté de celui des voisins.

Bien équipé, un bougre pourrait retaper ce terrain vague, à condition d'être bosseur.

— Au fait, est-ce que tu les as croisés ? Je sais pas si Victor est là en ce moment. Il travaille à Montpellier. Il rentre pas souvent.

Il doit parler de cet inconnu qui a débarqué un soir sur une moto énorme. Wozniak en sait davantage sur la femme, à force de l'épier dès qu'elle met le nez dans ses fleurs, quand il ne la suit pas dans les rues.

— Gamins, on a fait les quatre cents coups. On séchait les cours pour aller pêcher. On se voit plus maintenant. Il reconnaît plus personne depuis qu'il est parti. Il est prof de fac. Il nous prend pour des peigne-cul.

Richard continue de parler du voisin et Kamel l'observe sans l'écouter. Dans la zoologie humaine, Villersexel incarnerait une sorte de fourmilier au long museau humide. Un tamanoir famélique et triste. On sent qu'il a morflé, il a une gueule racée. Ce dadais doit mesurer dans les deux mètres. Ses pattes sont trop maigres pour habiter son jean. Un jean blanc, avec un étui pendu à la ceinture, au cas où, parce que c'est bien connu que les assureurs ne sauraient se balader sans un couteau sur eux. Peu à peu, les pensées de Wozniak s'envolent, et le regard qu'il pose sur Richard se fait moins perçant qu'un œil de verre. Ça fait quinze jours qu'il est là, qui ont paru trois mois. Il est échoué dans ce gros village, de moins en moins anonyme, ne comptant plus les brèches enfoncées dans la forteresse du meublé. Son stock de billets se tarit à vue d'œil. Il n'a pas trouvé les moyens du second souffle qui devait l'expédier aux antipodes. La netteté de ses vues d'alors contraste avec le flou dans lequel il est désormais. Cependant une idée germe dans une zone lointaine de son cerveau, remonte à la surface.

Une idée qui ressemble à une solution. Villersexel est le pigeon idéal. Lui extorquer son passeport, d'une manière ou d'une autre. Menaces de mort, séquestration, chantage. Lui confisquer ses papiers sans qu'il puisse jamais témoigner de quoi que ce soit.

Il court presque tous les jours avec Soraya. Elle vient le chercher. Elle l'attend en haut des côtes. Ça lui arrive de rester manger chez Kamel. La première fois, elle a tiqué sur les assiettes peintes accrochées au mur, le napperon sous la cafetière, la collection de boules à neige dans le salon. Mais bientôt elle s'est mise à profiter de la douche, c'est plus pratique, elle est logée dans une chambre ridicule à la brigade, avec une salle de bains en forme de cagibi. Une amitié est en train de germer entre eux, un élan que Wozniak hésite à tuer dans l'œuf. Il devrait pourtant, il n'est pas là pour se faire des amis. Côtoyer une gendarme, dans sa position c'est longer un précipice. Mais le temps est long, le vide est difficile à combler, alors ça lui va bien de courir, en attendant la suite il expulse sa tension, il dort mieux la nuit. Soraya n'est pas envahissante, contrairement à ce qu'il aurait cru. Ils ont grandi sur le même terreau, ils sont issus des mauvaises banlieues, c'est juste qu'ils ont choisi des voies différentes pour s'en sortir, sinon leurs origines sont les mêmes. Avec cette variante pour lui, sa généalogie impossible ; Kamel, c'est le prénom que sa mère lui a donné ; Wozniak, le nom de son père, qu'il n'a pas connu.

Il réussit sans peine à contourner les rares sujets intimes qui font surface, Soraya n'insiste jamais. Elle ne se dévoile pas beaucoup non plus, excepté ce qui touche au boulot. Il a du mal à la cerner. Ce n'est pas un trop-plein de pudeur, plutôt le peu d'aspérités de sa personnalité. Parfois il joue à se faire peur. Ça pourrait être la feinte d'une actrice, faussement désinvolte, s'ajustant aux conditions. Par exemple, il sait bien qu'elle court toujours en sous-régime. Qu'est-ce que ça lui rapporte de se coltiner un type pas au niveau ? Dans ses pires versions, il se persuade qu'elle sait tout, qu'elle évite les thèmes qui fâchent pour l'endormir. Elle est en mission, elle attend l'opportunité, le mot de trop, elle guette une déclaration confondante.

Un soir, ça lui pend au nez. Ils ont eu une séance pénible dans un air moite, il l'a poursuivie de toute l'assiduité dont ses jambes sont capables. Devant la maison, ils décident de manger ensemble. Ou plutôt, elle a provoqué l'invitation, prétextant qu'elle n'a pas eu le temps de s'acheter à bouffer. Il lui cède la place à la salle de bains. Elle a déjà sa serviette sur le portant, son démêlant dans l'étagère. Sur la proposition de Kamel, elle a pris l'habitude de laisser ses tenues de sport dans la machine à laver.

Il fait réchauffer un plat de spaghettis aux légumes dans le micro-ondes et descend se baigner au fond du jardin. La rivière est dans les ombres, vert foncé, à bonne température. Il se laisse entraîner dans le courant léger, sentant ses muscles qui s'attendrissent. Le causse est d'un noir métallique, luisant au soleil couchant. Lorsqu'il remonte, Soraya a mis le couvert sur la terrasse.

— Je suis tombée sur un paquet de billets dans le placard. C'est à toi ?

Il a dû consentir à pas mal de faux frais. Il doit rester dans les trois mille euros. Pas de quoi l'inculper, mais il faut improviser une explication bidon.

— Oui, je préfère toujours avoir une réserve de liquide avec moi. Comme ça, au cas où. J'ai eu des passages difficiles. Ça vient de là. Voilà. J'étais vraiment dans la dèche.

Elle n'aurait pas pu entendre la vérité. Son secret qu'il ne dira jamais à personne. Elle n'aurait pas pu comprendre. Ça reste une flic. Une jeune flic de surcroît, idéaliste. Elle n'a pas résolu son rapport à l'injustice, pas franchi le stade de l'indignation. Elle a encore ses illusions sur le bien et le mal. Soraya respecte tellement les règles qu'elle est incapable de dévier d'une recette de cuisine ; elle est la première à en rigoler, à reconnaître qu'elle n'est pas gendarme pour rien. Entre deux bouchées il raconte des anecdotes fictives sur cette période pour consolider la supercherie, des inventions dont il faudra se rappeler pour ne pas commettre d'impairs. Tout le problème est là, sa villégiature tire en longueur. Cette halte est une faiblesse, le fruit d'un manque de détermination. Sans se l'avouer, il a conçu cette étape pour se ménager la possibilité d'un retour en arrière. Quand bien même il ne saurait y avoir aucun droit à l'oubli, quand bien même il n'existe plus d'alternative.

Et là, assis sur la terrasse, face à la gendarme Brahimi qui prête l'oreille à ses mensonges, il regrette d'avoir fomenté ce détour, d'avoir choisi la planque intermédiaire plutôt que de tailler tout droit vers l'aéroport. Il serait à l'étranger à cette heure, sur un autre continent, et non pas coincé dans ce cul-de-sac, contraint de se bâtir une identité à l'improviste, tandis que ses ressources fondent, que les murailles dressées autour de son forfait se fissurent. Il est urgent de vider la place. La veille déjà, Richard Villersexel a encore lâché quelques salves.

— Alors, mon roman. T'en es où ?

Ce n'est pas la première fois qu'il vient aux nouvelles. Kamel ne peut plus se défiler.

— Oui. J'aime bien... J'ai pas fini, mais j'aime bien... Le début est prenant.

— Bon ça va, laisse tomber.

— Non je t'assure...

Richard s'est servi une canette dans la cuisine, fidèle à son rituel qui consiste à inspecter le frigo sans rien demander. Il a contracté l'habitude de débarquer chez

Wozniak pour boire et causer n'importe quand. C'est de lui qu'il parle toujours. Un coup il a mal dormi, la fois d'après il a mal au dos. Chienne de vie. En plus sa secrétaire est une pimbêche, bonne qu'à propager les ragots.

Il est pénible, à se plaindre sans arrêt, à ne jamais se remettre de son divorce. On dirait qu'il traîne sa mélancolie comme une paresse douillette, avec un penchant pour l'autodestruction. Par-dessus le marché, Kamel n'a jamais pu saquer les fils à papa. Ceux pour qui ça tombe tout chaud, qui héritent du cabinet paternel, ceux qui se payent des femmes de ménage. Pour autant, Wozniak ne décourage en rien les visites de ce pleurnichard de Villersexel. Il prend sur lui, il supporte. Il va jusqu'à provisionner des bières dans la perspective de ses passages. Pour se le garder sous la main, étudier le personnage en profondeur. Dans l'optique où il faudrait l'utiliser.

— T'écris en ce moment ? Je me disais que je te voyais pas souvent écrire en fait…

Richard ne minore pas l'ironie de son intonation. Ils se regardent droit dans les yeux, dehors sur la terrasse. Kamel s'abstient de répliquer. Ça ne servirait à rien de mentir là-dessus. Il a remarqué que l'autre pénètre dans la maison en son absence. C'est un détail idiot qui a trahi ses incursions fantômes : la lunette des toilettes qu'il oublie de rabaisser lorsqu'il va pisser, contrairement à Wozniak, qui ne la relève jamais.

— T'es un drôle d'oiseau. J'ignore pourquoi t'es venu ici et je m'en contrefiche. Mais je me demande ce que tu caches sous ta cuirasse. T'as même pas de téléphone !

Qu'est-ce qu'il s'imagine ? Il est sûrement très éloigné de la vérité mais le danger planera tant qu'il continuera de fouiner. Wozniak cherche à le dérouter sur une voie de garage, il retarde encore le moment de répondre, il voudrait lui donner du faux grain à moudre. Derrière Villersexel, il voit son propre reflet en buste dans la porte-fenêtre, tête basse. C'est le contour d'un boxeur flou, un inconnu qui monte sur les planches, le gars d'en face, avec sa vie à lui, ses problèmes. On était censés se battre, sans se connaître. Quelqu'un allait gagner, sans qu'on sache qui, l'autre allait perdre, c'était obligé. Kamel n'essayait jamais de passer en force. À l'abri de sa garde, il esquivait, bloquait les frappes. Il contenait la foudre adverse en construisant sa tactique, patient, élaborant la bonne feinte, la bonne manœuvre, guettant la trouée d'une fenêtre de tir pour déclencher l'enchaînement des coups. Ça ne fonctionnait pas toujours. Mais là était son plaisir.

Il n'a pas le temps d'homologuer l'idée que ses mots lui échappent, il flaire tout de suite qu'il va toucher la cible.

— J'ai un problème avec l'alcool. Je suis alcoolique. Je suis là pour couper les ponts.

Il aime la manière dont claque cette sentence de plomb. Le bon coup, dans la bonne fenêtre, pas de fioriture. Il fixe Villersexel, menton haut, avec la noblesse à vif de celui qui entend défendre son amour-propre même s'il n'en reste pas des masses. Et le grand tamanoir baisse le front, piquant du nez, ce nez qui ressemble à un tuyau pour aspirer les fourmis.

— Mince. Désolé. C'était juste pour dire…

C'est l'écran parfait, il aurait dû y penser plus tôt. Une justification de secours qui vient coiffer sans le dédire l'alibi du roman.

— Je buvais dès le matin. Je devenais violent. Je devenais fou.

Il brode pendant cinq minutes avec le sang-froid du repenti. Ne rien révéler de son passé, inventer des bobards pour se tirer d'une ornière, il fait ça sans forcer son talent.

— Merde, je suis une vraie plaie… Et moi avec mes gros sabots. Je viens picoler sous ton nez…

— C'est rien ça. T'inquiète. Ça me rassure de savoir que le monde continue de tourner.

Richard est groggy. On n'entend plus que le bourdonnement uniforme des guêpes en provenance du massif de lierre. Wozniak revisse sa casquette. La manche de son T-shirt ne recouvre qu'à moitié la gueule au bleu délavé, boxer hargneux aux oreilles coupées.

— Je sais pas, je pourrais t'emmener à la pêche un de ces quatre… J'ai du matériel semi-professionnel au sous-sol. Et puis je connais des endroits où ça mord.

Ils sont en train de courir sur le causse, Soraya et lui. Le ciel est maussade, le vent de face. Kamel a fini par admettre que son séjour ici est parti pour durer plus longtemps que prévu.

— On chauffe encore un quart d'heure, et après on se tape des séries de 1 000. T'es en forme ?

Pour confirmer le pathétique de la situation, il reçoit sans arrêt des visites à domicile. Il s'attire les bienveillances, contre son gré pour ainsi dire. Soraya doit avoir un faible pour lui. Richard le prend pour un dur qui a bourlingué, il s'est constitué en Wozniak une sorte de compagnon captif, une fréquentation virile. Kevin l'appelle *ma poule* ou *mon lapin*, il lui met la main aux fesses en débarquant avec un panier de tomates ou un cageot d'abricots. Wozniak est nouveau, il est là, disponible. Il a pour lui d'avoir sauvé Kevin de la noyade. Il suscite l'intérêt en peu de mots. Le personnage qu'il incarne se dessine par recoupements flous. Il est facile et pas chiant, juste assez ténébreux. Avant qu'il s'en aperçoive, les choses ont pris cette tournure, il n'est plus ce type insipide qu'on évitait d'instinct. Et cependant il n'a jamais été autant lui-même, en dépit des mensonges et des non-dits. Comme si ce que les gens croient de lui avait davantage de valeur que la vérité, assez d'influence pour modifier ce qu'il est au fond.

À la faveur d'une côte, Soraya lui a pris trois longueurs. Kamel s'accroche au ciseau régulier de ses cuisses pour ne pas lâcher, il focalise sur ses fesses gainées de polyester noir et jaune fluo. Puis elle bascule dans un sentier raviné envahi de genévriers, et ils débouchent sur une route en virages où elle lui permet de revenir à sa hauteur. Le seul symptôme qu'elle consent à l'épuisement est sa frange en désordre, quand le maillot de Wozniak est trempé du col au nombril.

— Tu vois ça ? C'est ce qui nous occupe en ce moment.

Elle tend le bras vers un tas de pierres, ce qui avait dû représenter une croix auparavant, de ces édifices religieux plantés au détour des champs. Ils enquêtent là-dessus depuis des semaines. Quelqu'un s'amuse à péter toutes les croix à trente kilomètres à la ronde. Ils patrouillent, à tout hasard. Ils surveillent, à temps perdu. Ils ouvrent un œil, les deux. Ils n'ont aucune piste.

— Tu penses à une secte ?

— Oui, pourquoi pas. Ou juste des petits fils de pute.

Cinq minutes plus tard, elle lui confie qu'elle est lesbienne, sans préambule. Il cherche l'inspiration et tombe sur une réplique en forme d'esbroufe, à la fois triviale et sotte.

— Je savais pas qu'il y avait des homos dans la police…

— Si. Même des mecs.

La révélation ne lui a pas coupé les jambes, mais quand même il a du mal avec le raidillon dont on n'entrevoit pas l'extrémité, et qui n'en finit pas de se prolonger par un faux plat sans pitié. Ils sont rentrés et douchés lorsqu'il aborde à nouveau le sujet.

— Ça doit pas être évident de trouver l'amour, dans un patelin comme ça ?

Elle ne répond pas tout de suite. Il égoutte le riz. Elle a mis le couvert, elle attend, assise à table en tailleur. Elle déteste cuisiner. Du reste elle n'aime rien, elle n'aime pas le poivron ni les aubergines, elle ne supporte pas le concombre, elle vomit le chou sous toutes ses formes…

— Pas évident. Mais je me débrouille. Si tu veux tout savoir, j'ai couché avec ta voisine.

Wozniak a du mal à digérer la cadence avec laquelle s'accumulent les surprises. Impassible, il mélange les ingrédients dans le saladier, riz, tomates, avocat. Il aurait préféré que Soraya développe d'elle-même mais ne retient pas davantage le commentaire qui lui pend aux lèvres.

— Je pensais qu'elle était mariée. Des fois, je vois un homme chez elle…

— Oh, il est pas souvent là. Il vit les trois quarts du temps à Montpellier. Il peut y être trois semaines d'affilée. Laure y va jamais.

Elle n'en dit pas plus. Au moins, il connaît son prénom maintenant. C'est nul mais ça l'atteint cette histoire. Il aurait préféré ne pas être au courant, continuer à fantasmer sans autre motif sur cette femme. Ne jamais rien savoir d'elle que ce qu'il en imagine, la conserver dans la bulle idéale où réfugier ses pensées quand ça va mal.

Ils se résolvent à manger à l'intérieur à cause des nuages. Peu importe, tout ce qu'il veut c'est s'asseoir et bouffer, il est mort, il ne tient plus debout. Lorsque Soraya remplit les assiettes, le chat vient zigzaguer sous la table, jailli de nulle part. C'est une bête amochée qu'il nourrit depuis l'accident, une créature affamée qui n'a que deux pattes et demi.

— Il a dû passer sous une voiture… Tu lui as donné un nom ?

Kamel n'agit pas par calcul. Il assume, il a joué avec des vies humaines de manière irresponsable. Mais s'il n'en sort pas vivant, les gens verront au moins qu'il était capable de s'attendrir pour un animal aux abois. Ce n'est pas des excuses qu'il se cherche, ni des circonstances atténuantes. Il sait pourquoi il a retourné sa veste. Ce n'était pas un accès provisoire ou un caprice. C'était enraciné en lui. Il a retardé autant qu'il a pu le moment d'ouvrir l'issue de secours. Il sait aussi que les années ne déposeront jamais leur patine, qu'il faudra apprendre à vivre avec.

Soraya s'est resservie. Puis elle a reculé sa chaise pour se balancer sur les pieds arrière.

— Un de ces quatre, je t'invite au resto. On se fera un bon burger…

Wozniak voudrait se téléporter dans son lit sur un claquement de doigts, être seul, volets clos. Suivre les rotations du ventilateur, sentir venir l'hypnose. Se lacérer au rasoir mental, s'en scarifier pour se durcir le cuir. Mais la gendarme n'est pas venue les mains vides. Elle piaffe au moment de sortir sa surprise du congélateur, un bac de glace à la vanille qu'elle convoie en équilibre sur sa tête, dans le registre folle et idiote, les bras en avant comme un somnambule.

En apprenant qu'elle est portée sur les filles, Wozniak s'est senti prétentieux d'avoir pensé qu'il la troublait, et finalement, il est d'autant plus flatté qu'elle l'apprécie pour la seule qualité de sa compagnie.

— Ils sont au courant tes copains flics ? La cohabitation, c'est supportable ?

— Je me suis pas lancée dans des confidences. Parler de ça avec eux, j'y crois pas trop. Ils mettent des calendriers de femmes à poil dans les bureaux, si tu vois le niveau… D'après eux, c'est juste pour rigoler, c'est pas méchant. Ils prétendent que ceux qui trouvent à y redire sont des rabat-joie.

Elle finit son bol de glace et attaque la boîte à la cuillère en pourfendant ses collègues. Le seul fait de ne pas tomber dans le manège de la séduction grossière, de ne pas en baver pour leur virilité, cela suffit à ce qu'ils l'aient répertoriée comme une mal-baisée doublée d'une connasse. On répand dans son dos les fines plaisanteries d'usage. Mais elle s'en fout, elle n'est pas censée leur plaire, pas là pour exciter leurs libidos. Elle n'a pas l'intention d'être à leur service. Rien que pour ça, elle est ravie de porter l'uniforme. Un vêtement standard et fonctionnel, parfait pour s'abriter des scrutations lourdingues.

Les carreaux de la cuisine sont couverts de condensation. C'est le prototype de la journée dégueulasse. Il est deux heures de l'après-midi, mais on croirait que le soir est descendu sur un bocal embué. Désinhibée par la crème glacée, Soraya en profite pour remonter le cours de sa biographie. Elle a choisi ce métier par provocation. Parce que dans sa famille, les femmes n'étaient pas faites pour être flics, pas faites pour exercer l'autorité, on les préférait rompues au ménage et à la popote. Par provocation et peut-être aussi parce que son caractère l'a cataloguée très tôt dans la peau d'une justicière. Elle n'aimait pas plier l'échine, laisser tomber l'affaire. En définitive, elle n'est pas devenue gendarme *pour* mais *contre*, c'était plus une réaction qu'une vocation. Jusque-là ça lui a plutôt bien réussi. Sauf qu'elle n'avait pas prévu d'atterrir ici pour y croupir à ce point. Les infractions chez l'artisan du coin, les vols de GPS dans les tracteurs, les opérations alcootests, elle a donné…

— Je paierais cher pour une affaire bien glauque, avec des disparitions, des cadavres dans la nature, un délire comme ça. Quand tu regardes les séries, les flics sont toujours à bloc… Au lieu de ça, je végète dans ce trou paumé.

Un trou dans lequel elle est parvenue à débaucher une femme mariée. Elle si droite à l'accoutumée, toute en rigueur morale…

— Et sinon, avec Laure, c'est fini entre vous ?

— Oui, c'était juste une aventure. Je te raconterai à l'occasion, puisque ça t'intéresse…

Le climat ne s'arrange pas dans les jours qui suivent. Ondule une bruine compacte qui vous remonte dans le nez, lorsque Richard vient sonner chez Kamel une énième fois. Il est fascinant dans sa salopette impayable, toile blanche finement rayée, au point que Wozniak se demande s'il a prévu quelques travaux de peinture dans le secteur. Kamel a déjà remarqué combien le géant maigre aime assortir les jeans verts et les polos rouges, les chemises à fleurs et les pantalons bouffants. Et par un mystère insoluble, il a toujours un lacet défait, tissu mâchonné qu'il piétine en permanence.

— Je t'ai amené des tournedos, mon petit père !

Il mouline un sac plastique aux armes de la boucherie du bourg.

— Je vais te les préparer dans une bonne vieille demi-glace. Attends, si je me trompe pas il doit rester du fond de veau et du cognac dans un placard.

— Fais comme chez toi, Richard…

Il est venu à pied et Kamel n'est pas surpris. Soraya l'a prévenu qu'ils ont arrêté son pote assureur avec deux grammes sur la départementale. Elle n'a pas supporté son attitude d'enfant gâté qui n'assume pas ses bêtises, commençant par jurer qu'il n'avait pas bu, puis se mettant à taper des pieds sur le goudron. Il a fini par supplier qu'on lui accorde une chance, en chialant qu'on ne l'y reprendrait plus. Ce qui ne les a pas empêchés de le boucler en cellule de dégrisement pour la nuit.

Au moins Villersexel et Soraya ne risquent pas de se croiser chez lui. Jusque-là, ça ne s'est jamais produit, pas plus qu'avec Kevin et ses compères. Le cas échéant, sans doute que le premier arrivé dissuade l'autre avec sa voiture garée devant le meublé. C'est mieux, parce que Wozniak n'aime pas mélanger les genres. D'autant qu'il s'agit de personnalités qui ne feraient pas bon ménage, Wozniak en a la démonstration lorsqu'il interroge incidemment Richard à propos de son neveu.

— Tu veux parler de Luc-Alban. Non c'est juste un cousin. Enfin, le fils d'un cousin. Tu le connais ?

— Il traîne avec Kevin, le mec qui a failli se noyer.

La viande siffle sur la gazinière. Villersexel fait sauter les tournedos, envoie une giclée de cognac, met le feu à la poêle. Un monceau de fumée stagne à mi-hauteur, dans lequel il s'incline pour humer sa tambouille.

— Aaah, Luc-Alban... Celui-là, il ne fera jamais rien de sa vie. Avec sa bande de hippies ils n'en ratent pas une. Ils piquent dans les magasins, ils pensent qu'à fumer de l'herbe.

D'un doigt il goûte sa sauce, comme si c'était la chose la plus importante au monde.

La soirée s'est écoulée, il commence à se faire tard. Richard a épuisé le stock de bières. Depuis qu'il court, Wozniak a retrouvé un cycle de sommeil à peu près conforme. Il bâille. C'est Villersexel qui assume les dialogues, les coudes enfoncés dans la toile cirée.

— Je vais m'acheter un scooter pour ici. Mais ça ne réglera pas le problème pour emmener les gosses en vacances.

Wozniak erre dans ses pensées, un genou trépignant sous la table. Plus il attend, plus la situation se désespère. En toute franchise, il sait ne pas avoir les moyens de gagner un autre continent. Sinon, il pourrait se mettre à marcher, avec un chapeau et un sac à dos. Aller sur les chemins, traverser autant de pays que possible. On ne pose pas de questions à ces gens-là. Personne ne demande à voir leurs papiers, leur déguisement de randonneur leur suffit comme alibi.

Villersexel est torché. Il a siphonné le cognac. Il est soudain secoué d'un rire immotivé : ses fils ne savent même pas ce que c'est qu'une fario ou un vairon manié, alors que la pêche, c'était toute son enfance... Avec le voisin, à même pas dix ans, ils se réveillaient à l'aube pour aller pêcher et ne rentrer qu'au soir. Qu'est-ce qu'ils ont pu se faire comme films tous les deux. Se prendre pour des chanteurs à gratter une branche en beuglant dans la forêt. Parler de sexe. Trafiquer leurs bicross. Victor et lui n'étaient jamais à un canular près : sonner aux portes et se barrer en courant, ébranler des boîtes aux lettres à coups de pétards...

— Je suis persuadé que c'est à cause de sa bonne femme si on se voit plus. À rester toujours enfermée comme une sorcière. Une arrogante qui est trop fière pour se mélanger aux gens de la campagne.

Des éclairs muets jaillissent sur le bouclier du causse, très loin, suivis d'un bruit de buffet qu'on pousse sur le plancher. Wozniak lève les yeux sur le gouvernail au-dessus de l'évier, avec un couteau et une fourchette pour marquer les heures. Il est temps de clôturer la soirée, sans quoi l'assureur ne va pas tarder à pleurnicher sur ses malheurs conjugaux.

— Bon, Richard. Je suis crevé. Je vais me coucher. Si tu permets.

— Je t'ennuie. Désolé. Fais pas attention à ce que je dis. Je vais me coucher moi aussi.

Ce n'est pas un homme dénué de clairvoyance, au fond. C'est la retenue qui lui fait défaut, la pondération, mais ce n'est pas le mauvais bougre. Richard ne lui a jamais témoigné autre chose que de la sollicitude. À quelques détails près, ils auraient pu être amis, dans d'autres contingences.

— Je me plains tout le temps. Désolé. Et puis, je sais bien que tu t'intéresses pas beaucoup à moi. Dommage… On aurait besoin de soutien mutuel. Toi aussi, t'as l'air d'en avoir pris plein la gueule. On a besoin de chaleur humaine tous les deux.

Le fourmilier géant jette un regard à son verre en transparence, pour se convaincre qu'il est vide. C'est un bon point qu'il n'ait pas sa voiture, il va marcher vingt minutes, la pluie va le dessoûler. En se levant, il éternue et échappe son verre sur le carrelage. Le temps que Kamel dépêche un coup de balai, Richard a entamé l'ascension de l'escalier.

— Non, Richard. Non, non. Je te signale que tu n'habites plus là, hein, rappelle-toi.

Ses bras sur la rampe semblent davantage le porter que ses jambes.

— Merde, je vais pas rentrer à pied ! Tu vas pas me faire ça ?

Il prend une inspiration profonde en lui, redescend les marches de son pas disloqué, fermant un œil pour se repérer dans l'espace.

— Au moins, dis-lui qu'elle vienne me chercher, à ta copine. Qui se prend pour un shérif. Cette salope... Elle se croit au Mississippi ou quoi ?

Il fait mine de lui tordre le cou, de ce geste qu'on emploie pour essorer une éponge. Puis il évacue un gros rire forcé.

— Je voudrais qu'elle allume son gros gyrophare rien que pour moi. Qu'elle me ramène chez ma mère comme ça. Comme une vedette. Avec la sirène. Sans déconner, appelle-la.

Wozniak le considère d'un air désastreux.

— Merde, t'es pas drôle.

— Non, c'est toi qui me fais pas marrer, Richard... Tu piges la différence ?

Il chancelle un instant, comme s'il ne savait pas quelles instructions envoyer à ses chaussures. Wozniak a le réflexe de passer un bras dans son dos, et tandis qu'il raffermit sa prise, l'autre attrape un portrait au mur. La photo de sa femme, avec sa permanente de boucles impeccables.

— Tout ça c'est sa faute. C'est trop facile de tout bazarder comme ça.

Kamel lui prend le cadre des mains afin de prévenir un nouveau bris de glace. Villersexel s'abandonne dans les bras de son camarade, il pose la joue sur son épaule et pleure, dos cassé, fesses en arrière. Wozniak en a déjà reçu des types de cette façon, dans un bain de sueur, des épaves à bout de souffle, pendues à son cou pour éviter la frappe de ses gants. Il n'a jamais su quoi en faire, pas le cœur de les repousser de lui-même, pas l'agressivité de leur coller encore des coups là où ça saigne.

Celui-là est incapable d'arriver chez lui sain et sauf, il va devoir l'allonger sur le canapé.

— Tu vois, quand ça va pas, je viens là pour me sentir bien, respirer l'odeur d'avant. Je me promène en bas et puis je monte. Je m'assois sur le bord de la baignoire… Je sais que tu m'en veux pas si je rentre dans la maison même quand t'es pas là.

Richard sanglote. Sa voix n'est plus qu'une mélodie aphone qu'il expulse sans remuer les lèvres. Ses genoux impulsent un rythme infime, comme un lapin à bout de piles.

— Ses cheveux étaient tout plats tout flottants quand je l'ai trouvée.

Il a besoin de casser quelque chose. Le soleil est encore haut lorsque Wozniak empoigne la tronçonneuse pour se défouler sur le maquis du jardin. Moteur thermique. Deux vitesses de rotation. Cinq kilos. Il lui suffit d'une impulsion pour démarrer, exciter la mécanique dans le vide. Dès lors il se prend pour un barbare frénétique, il sectionne sans dérogation, fouetté par les esquilles, la sciure collée au torse par la sueur. Il s'attaque aux broussailles et aux buissons, il s'attaque aux arbres. Il aime le raffut, il aime que ça cède. Il cisaille toutes les pensées noires qui le traversent. Il aspire à trancher les câbles de sa mémoire vive. Il aimerait oublier certains épisodes, ne plus revoir les images, débrancher les émotions. C'est à se lobotomiser qu'il aspire. Voilà ce qui se joue dans ce carnage.

Il ne lui reste plus que la sapinette pour boucler le périmètre, et il y a ce type sur la terrasse d'à côté qui agite les bras comme un chef de gare. Wozniak redresse la tête, l'autre fait le symbole de la croix avec ses mains, au désespoir d'être compris. Kamel coupe le moteur, s'approche de la palissade.

— Hé, venez boire un verre plutôt que de continuer ce chambard épouvantable !

Il s'appelle Delmas. Victor Delmas. Play-boy en bedaine. Chaussures bateau. Lunettes d'aviateur aux verres dorés, qu'il retire pour glisser une branche dans le col de sa chemise à carreaux minuscules. Ses cheveux sont moches, brossés de côté, sa poignée de main saturée de chevalières.

La scène suivante, ils sont à la table du jardin. Kamel s'est assis avant qu'on ne l'y invite, un bruit de bourdon dans les tympans, la vibration du taille-haie dans les muscles. Il a l'air d'un docker à côté de son hôte. On lit la ligne de force des épaules sous le tricot de peau qu'il a enfilé après la douche. Le tissu blanc souligne l'arc de sa poitrine, le nœud de ses trapèzes. Victor a sorti une bouteille de vin et annoncé la venue imminente de sa femme.

Wozniak avait toutes les raisons de décliner l'invitation. Toutes sauf une. Même si pour ça il doit se fader le roquet bavard que ne manque pas d'être Victor Delmas. Les cours à l'université sont terminés mais il en profite pour mettre ses fiches à jour. Il a aussi divers papiers dans les tuyaux pour des revues scientifiques. Les épreuves d'un livre à corriger. Il s'autorise un break à la campagne avant de s'y recoller. Pour être franc, il n'aime rien mieux que son appartement en ville, à deux pas des quartiers branchés, commode et moderne, à l'ambiance studieuse. Il déteste le farniente. Les transats, l'inaction, très peu pour lui. Et malgré tout, il vient de signer pour une année sabbatique qu'il va consacrer à voyager, écrire et méditer. Et puis ce vieux rêve de traverser le pays à moto. Il vient justement de craquer pour un engin formidable. Une grosse routière avec tout le confort. Un petit bijou qui vous fait sentir immortel. Symboliquement, bien sûr.

— N'est-ce pas, ma chérie ?

Laure paraît dans un sourire de courtoisie neutre. Kamel ne parvient pas à poser son regard sur elle, il se restreint à dérober des images rapides comme des flashs. C'est cette femme qu'il épie à temps perdu et dont la beauté placide irradie à deux mètres de lui. Elle s'installe un peu négligemment au creux de sa chaise en osier, jambes croisées, bras nus.

— Alors, c'est vous qui sauvez les imprudents de la noyade ?

Elle ne s'exprimera pas beaucoup plus. C'est Delmas qui orchestre la conversation, avec une séduction complaisante. Tout y passe, César, Napoléon, Stevenson, les camisards et autres sommités locales. Il ne se contente pas de jouer le type passionné, il est persuadé d'être passionnant. Kamel a réglé son attitude sur ce qu'on attend de lui. Il opine, parfois il ouvre grand les yeux. Il s'efforce de contenir son tic. Il respire à bouffées lentes et régulières, les phrases ricochent sur sa cuirasse avec le bruit d'une imprimante qui débiterait du code. Victor est juste un alibi. Il pourrait s'exprimer dans une autre langue, il n'y aurait pas de préjudice. L'autre jour, Soraya lui a parlé de la collection de soldats de plomb qu'il tient sous clé dans les étagères vitrées de son bureau. Ce soir, c'est son propre personnage qu'il met en scène, porte-parole de sa fatuité. Aucun homme n'est celui pour lequel il se prend. Wozniak le sait d'expérience. C'est fondamental, ça. Dès lors qu'on a appris à déconstruire ce que les autres donnent à croire d'eux, la vie devient plus praticable.

Lorsque les interrogations surviennent, il ne sort pas sa carte d'écrivain ni son joker d'alcoolique. Il reste sous le couvert d'une équivoque hermétique, prétextant une période de transition, de remise en question professionnelle, personnelle. De toute façon Delmas l'interrompt très vite pour reprendre son boniment à la frontière de l'affabulation. Il doit se duper lui-même derrière l'illusion des mots qu'il manie comme un magicien grisé par son génie, et qui refuse de reconnaître que son public s'est fait la malle.

Kamel le fixe, il le contrôle du regard, le maintient à distance. Et ses yeux sont si puissants qu'il peut lorgner vers Laure sans se trahir, en laissant croire qu'il n'a pas dévié d'un cil, lui aussi est un peu magicien dans son genre.

Et cependant la soirée est parfaite. Elle survient au soir d'une journée qui s'est déroulée simplement. Il a couru le matin avec Soraya. Kevin et L-A sont passés en début d'après-midi, ils ont causé en fumant un joint près de la rivière. Ensuite ce fut cette mission dévastatrice dans le jardin, un labeur physique, efficace, de ceux qui vous aident à mettre de l'ordre dans votre cerveau. Et maintenant, de manière inattendue, et pour tout dire inespérée, il se retrouve en face de Laure. Les arabesques marron qui lui lèchent la nuque. Ses tennis en toile délavée, la sensualité terrible du ruban de peau fine sous l'ourlet de son jean. Il aime chez elle jusqu'à ce qu'il aurait jugé disgracieux pour une autre, mâchoire un peu saillante, alvéole de varicelle piquée sous l'œil. Il a aussi remarqué sa main droite estropiée, l'auriculaire sectionné sous la deuxième phalange.

C'est étrange d'imaginer cette femme qui ne recherche aucun effet comme l'épouse de ce brodeur boursouflé. Ce n'est pas moins surprenant de se l'imaginer contre le corps d'une autre fille, gendarme de son métier. Il sait de quoi elle est capable, Soraya lui a divulgué quelques prouesses, un soir qu'ils avaient bu une bière ou deux. Des performances que le mari ici présent ignore, et dont Laure ignore que Wozniak les connaît, de sorte que Kamel se sent le dépositaire d'informations sensibles qu'il n'est pas censé détenir. Le décalage est un gouffre, à considérer cette Laure sage et digne, frissonnant alors qu'une fraîcheur monte de la rivière, et qui affiche une attitude inhabitée, comme on regarderait brûler une bûche un soir d'hiver où l'on s'ennuie.

Alors, dans le jour qui trébuche, Kamel la lance sur la peinture, invoquant les fois où il l'a vue à l'œuvre sur sa terrasse. Elle peint en dilettante. L'hiver surtout. L'été, elle profite du jardin. Il y a quelques années, elle donnait des cours à la maison des associations mais elle a tout plaqué, c'était surtout un public de retraités incurables qui ne juraient que par les bouquets de fleurs ou les panières à fruits.

— Je vous montrerai mes toiles un de ces jours, si ça vous intéresse.

Ce n'est pas certain qu'elle ait terminé mais Victor la coupe. Et pendant quelques secondes, les champs visuels de Laure et Kamel s'accordent. Wozniak finit par détourner les yeux. Il aimerait qu'elle colle les orteils contre sa jambe, sous la table, qu'elle ait cette audace. Les ambivalences de Laure ne dissuadent en rien son envie de lui plaire, même s'il doute d'en avoir les moyens. Il n'a rien à lui offrir. Il n'est qu'en transit. Sa trajectoire va l'emporter ailleurs. Il va passer à côté d'elle comme on croise une inconnue dans la rue à l'heure de pointe. Il n'aura d'autre choix que de l'oublier. Il est temps de se retirer, retraverser le champ de grillons. De toute façon, qu'est-ce qu'elle aurait de plus qu'une autre ?

Delmas le raccompagne à la haie, les mains dans le dos. D'un coup de menton, il désigne la propriété de Villersexel, dont les murs de pierres absorbent les couleurs de la nuit.

— Alors il s'est décidé à louer sa maison… Quand il était gamin, on le surnommait Villersexy. Les gens d'ici l'appellent encore comme ça dans son dos. Je vous le confie, elle est de moi cette perle sémantique… Ce bon vieux Richard. Quand on voit ce qu'il est devenu. Un petit assureur spécialisé dans le troisième âge ! Qui n'est jamais sorti de son trou.

Il salue Kamel d'une tape sur l'épaule, se plaque la mèche sur le front.

— Allez, à tout prendre, c'est rassurant de savoir qu'il y en a encore pour passer leur existence entière au même endroit…

Delmas a encore son rictus hautain cousu à la bouche, qu'il ne cherche nullement à dissimuler. Et qui est encore plus détestable car il connaît l'histoire de Richard.

Il ne peut pas ignorer que sa femme s'est abrutie d'un flacon de somnifères pour mieux se noyer dans sa baignoire.

La brume s'est évaporée du vallon lorsque Kevin et consorts viennent le chercher à bord de leur fourgonnette. Ils klaxonnent comme des abrutis. Kamel distingue Florian et Luc-Alban qui se marrent derrière le pare-brise. La porte s'ouvre à l'arrière. Ils ont vissé deux banquettes de récupération contre les parois du fourgon. Les jumelles sont installées d'un côté, il reste une place en face, avec Kevin. Celui-ci bourre Wozniak de coups imaginaires au lieu de l'aider à enjamber leur attirail qui jonche le sol. Florian n'attend pas pour lâcher l'embrayage et Kamel se vautre dans le bordel de sacs, réchauds, couvertures, bidons. Ce n'est même pas sûr que Florian l'ait fait exprès tellement sa conduite s'avère épouvantable à l'épreuve des routes à peine plus larges que l'estafette. Par chance, son tape-cul chargé à bloc ne lui permet pas d'atteindre des allures folles.

Ils roulent sur le terrain vague du causse pendant une demi-heure, Kevin ressassant leur doux projet : restaurer un pâté de maisons dans un hameau désolé, exploiter quelques têtes de bétail, deux hectares de fruitiers, un potager, des noyers, un peu de céréales. Florian est le charpentier de la bande. Prune vient de réussir le concours d'entrée à l'école vétérinaire tandis que Lisa est encore en prépa sciences agro. À seize ans, elles avaient leur bac. Ils se connaissent depuis toujours. À terme, ils veulent aussi développer des échanges internationaux, accueillir des gars en réinsertion, des artistes en résidence, des touristes. L-A se retourne pour dresser ce constat sans appel : il y a des gens qui sont prêts à payer pour bosser dans une ferme pendant leurs vacances !

C'est à ce moment que Florian bifurque sur une chaussée cahoteuse qui coupe à travers la lande. Kamel regarde par le hublot, entre les autocollants « Stop au nucléaire », la poussière que soulève la camionnette sur cette mauvaise piste qui semble ne mener nulle part. Il n'a pas posé de questions, il se demande ce qui l'attend. Possible qu'ils cherchent à le tester. Après tout, pourquoi pas. Jusque-là, Wozniak n'a jamais eu à se plaindre de leur compagnie.

La piste débouche sur une rivière. On s'agite dans l'estafette. Les portières grincent, puis claquent. Kevin et L-A endossent leurs gros sacs à dos. C'est un ancien sentier de transhumance qu'ils empruntent, délaissant les berges pour grimper à travers champs. L'œil porte loin, avec partout des murets obsolètes, construits par des gens morts depuis des siècles. Ils marchent sans s'arrêter, d'un pas décidé, les jeunes connaissent le cap. Plus haut, le chemin part en dévers, rocailleux à souhait, et le soleil s'est mis à chauffer dur. Ils sont en enfilade, la pente est plus raide, une gourde circule de main en main. Wozniak a du mal à suivre, il ne s'était pas figuré tant d'efforts. La veille, il a déjà couru vingt-cinq kilomètres après Soraya. Et aujourd'hui il se fait balader deux heures durant par ces petits coriaces agiles comme des chèvres. Bientôt ils atteignent la forêt qui surplombe une gorge taillée à coups de glaive. Le coteau est rendu à la jungle. S'ils devaient le planter ici, Kamel ne retrouverait pas la civilisation avant le lendemain soir. L'abîme s'étrécit à mesure de leur élévation. Parfois la vue se dégage sur le torrent, qu'ils traversent à plusieurs reprises sur des cubes gigantesques de roche effondrés dans le courant.

À la fin de l'ascension, ils atteignent une grotte creusée dans le roc, que Prune présente comme une ancienne cabane de berger. Par convenance ou par convention, elle a toujours un chignon et sa sœur les cheveux détachés. C'est là qu'ils ont prévu de pique-niquer, au milieu des cloisons de pierres sèches qui ont fini de s'écrouler. La sensation d'isolement est si forte que le monde pourrait exploser sans qu'ils s'en aperçoivent. Kevin et L-A fouillent dans les sacs à dos, triant les vivres parmi leur bazar de cordes, outils tranchants, trousse de secours. Lisa s'est assise à côté de Wozniak sur un caillou plat. Elle explique que les alentours sont carrément propices à la culture. Les anciens troupeaux en station ont amendé la terre décennie après décennie. La source est juste là. Le sol est bien drainé parce qu'on est dans un système karstique, et malgré tout il y a un socle d'argile schisteuse qui retient l'humidité. Elle dit ça avec un sourire désarmant, du ton débonnaire de celle qui aime transmettre son savoir.

— En plus, les taux d'azote et de K_2O sont carrément excellents.

Elle porte un bermuda de scout et une chemise de nuit en flanelle jaunie, coupée à la taille. Prune est accoutrée dans le même répertoire de la recycle, un short de foot et un T-shirt marqué d'une tête de mort au pochoir, encerclée de mots qui jettent un froid : Bifénox, Endosulfan…

— Je me rappelle de la fois où je t'ai vu à la caisse. T'avais l'air d'un nounours tout cabossé. T'as pas fait gaffe, mais j'ai passé des trucs sans te les faire payer.

… Oxamyl, Glyphosate, Atrazine.

Une intelligence rusée se dégage de leurs personnes. Et leur pied de nez à l'élégance conforme rajoute à leur charme, quand plein d'autres font le pari intenable d'apparaître plus jolies que nature.

Après manger, ils entraînent Wozniak jusqu'à un replat au-dessus de la grotte. C'est une clairière de hautes herbes, posée sur de vieilles terrasses éboulées. Des libellules gravitent à la ronde, avec leur vol stationnaire. Les autres le regardent bêtement, sourire aux lèvres. Il a dû rater un épisode. Florian rigole, secouant sa grosse barbe.

— C'est du bio, tu peux y aller !

Alors Wozniak s'aperçoit qu'il est dans une parcelle de chanvre. De le savoir, il en reconnaît le parfum. Kevin promène ses mains dans les plants qui leur montent au nombril, les têtes gorgées de sève.

— Ils sont mûrs, on va bientôt couper. C'est des semi-naines à floraison courte. Avec une grosse, grosse teneur. Ça va être mythique.

— Putain, mais qu'est-ce que vous foutez avec tout ça ?

— On l'expédie à Montpellier. On inonde le marché. Comment tu crois qu'on va la financer notre ferme ?

Le retour s'effectue en variante récréative. Ils ont d'abord regagné la bergerie du pique-nique. Kamel est encore sous la sidération lorsque Luc-Alban lui tend un harnais. Chacun s'équipe dans son coin, avec des gestes rodés, avant d'approcher d'un câble que Wozniak n'avait pas repéré malgré son fort diamètre. Il est bluffé, stupéfait de comprendre que l'aventure est tout sauf improvisée. Les filles ont pris les premiers départs. C'est son tour de crocheter son mousqueton, de s'en remettre à la fiabilité de la tyrolienne. Ils ont l'air sérieux ces jeunes, en dépit de leur propension à fumer de la marijuana. Il traverse le canyon dans le vide, repoussant l'idée qu'il pèse quatre-vingt-dix kilos. Se présente ensuite une descente en rappel dans le genre abyssal. Ils sont serrés tous les six sur un promontoire, avec des crochets fixés dans la roche. Wozniak n'en revient toujours pas du degré de sophistication de l'entreprise, mais il n'a que trop bien saisi ce qu'on attend de lui. Il regarde L-A dévaler la paroi comme un cascadeur, puis les deux sœurs avec des sauts de puce. Kevin passe la corde dans son harnais.

— Attends. Ça tient vos crochets ? Ça tient comment ?

— Scellement chimique. C'est du solide. T'inquiète, on fume que le week-end.

Ça ne sert à rien de cogiter alors il se laisse glisser le long de la roche avec la grâce d'un poids mort à l'extrémité d'un treuil. Il y a des jours où tout va trop vite, on est à la remorque, on fait ce qu'on peut pour suivre le rythme. Kevin est descendu lui aussi. Et par une technique impénétrable, il est parvenu à décrocher les cordes sans avoir à remonter sur le promontoire. La suite consiste en sauts, portions de marche et progressions à la nage. Au bout du parcours, ils se baignent dans une belle vasque, avec des poissons qui vadrouillent dans le volume translucide. Plus bas, la camionnette brille sous l'éclairage de la fin d'après-midi. Kevin et Prune plongent d'une corniche en hurlant. Lisa et Florian s'enlacent à l'écart, immergés dans l'eau, elle se dandine sur lui.

Kamel est en loques, il s'est allongé sur un rocher, la tête vide. L-A est assis sur la plage à côté, bracelets de force aux poignets, les côtes saillantes, sans autre pilosité qu'une barbe d'épi aux aisselles. Il joue à s'enterrer les pieds dans le sable. Wozniak n'est pas favorable aux surnoms bébêtes, mais il peut consentir à des circonstances atténuantes, surtout quand on s'appelle Luc-Alban.

— Et ton cousin qui prétend que vous êtes des glandeurs bons qu'à piquer dans les magasins...

— Ah le chacal celui-là... Tout ça parce qu'on nous a gaulés une fois avec des chaussons d'escalade. Ça remonte au moins à deux ans.

Ses cheveux s'étalent sur son front, autour des oreilles, à la va-comme-je-te-pousse, lui donnant l'allure d'un garçon têtu, un cabochard.

— Ils me prennent pour un taré dans ma famille, parce que je veux être paysan. Mais Kevin c'est comme mon frère. Ses parents c'est comme mes parents. Je leur donne un coup de main depuis que j'ai douze ans. Ça fait chier mes vieux, ils voudraient que je fasse des études pour être notaire ou avocat... Mais moi, j'en ai rien à foutre.

Le soir infuse dans le ciel lorsqu'ils reprennent la route. Kamel a hérité d'un fauteuil à l'avant. Ce n'est pas le même chemin qu'à l'aller mais ils ne croisent personne non plus. Derrière, ça somnole sur les banquettes. Le conducteur officiel de l'équipe n'a pas la présence d'esprit d'allumer ses phares. Il fonce, pied au plancher, à la vitesse d'une limace. Son keffieh vole à la fenêtre ouverte. Il développe une théorie, lâchant le volant dans une courbe dangereuse pour balayer le paysage d'un geste. Il y a de la disponibilité ici pour accueillir la misère du monde. On ne manque pas de place, ni de fermes vacantes. Il faudrait inciter les chômeurs à venir, les zonards et les réfugiés. Il y a tout le nécessaire, des routes, l'électricité, les services publics à proximité. Surtout il y a de la terre, des hectares infinis à cultiver. Ça représente un gisement d'emplois phénoménal.

Kamel écoute, il aime bien ce que raconte Florian, mais il est un peu ailleurs, il pense à combien il se sent loin, dépaysé dans la chronologie et dans l'espace, combien il est soulagé de s'être mis en marge. Il a longtemps subi les codes et les normes qui font des jours qui passent une somme de non-choix ou d'options par défaut. Ces règles-là, il les a trop respectées, à rebours de ses instincts. Quelques semaines plus tôt, il fréquentait le sérail des cols blancs, insidieux et sournois, dont il n'a jamais été. Les costumes sombres sur les sols brillants. Leur putain de langage d'initiés. Leurs sourires de vampire, le dédain et les sarcasmes qu'ils lui destinaient, emballés sous le second degré subtil.

Quand sa blessure d'orgueil menaçait d'éruption, Kamel se calmait en caressant le chien violent greffé sur son épaule. Il reconnaissait en lui ces molosses déments qui bondissent du sol malgré la chaîne. Ces furies au cou pelé sous l'entaille de la sangle, dont on ignore s'ils maudissent la terre entière ou s'ils veulent juste s'arracher à la captivité. Parfois Wozniak sentait bouillir à l'intérieur le fauve dont le soulèvement est fauché au vol par le collier qui lui scie la gorge, et que rien n'empêche de recommencer sa cascade.

Jusqu'à ce jour où la chaîne a rompu.

Il sait qu'il a pris la bonne décision. Il n'en existait pas d'autres. Il lui aura fallu des années. On ne cerne les choses qu'à distance.

Maintenant Kamel est assis dans un camion déglingué qui ne survivrait pas au premier contrôle de police venu, à côté de ce barbu illuminé qui voudrait détricoter quatre ou cinq générations d'exode rural.

— Je ne dis pas que c'est facile. Mais je crois qu'il y a un modèle à créer. Et puis la demande est immense pour de la bouffe saine.

Florian a déroulé son programme, devisant sans vraiment regarder la route. Il a ce côté doucement chiant des savants trop loquaces. Il marque les liaisons, prononce les négations. Il paraît qu'il lit toujours des bouquins d'économie, d'après Lisa. Sa diction est désinvolte, à l'image de sa conduite automobile. D'ailleurs, il reconnaît volontiers qu'il est mauvais chauffeur, mais d'après lui c'est quand on se prend pour un cador qu'on devient dangereux.

— Attends, je crois qu'elle est par là...

Il branche enfin ses phares. Un croisement champêtre, Florian ralentit puis s'arrête sur le bas-côté.

— On va lui casser la gueule.

Une croix en pierre, dressée sous un tilleul. Ça remue derrière, ils ouvrent la porte et descendent en rafale. Dans la pénombre, ils nouent une corde au pare-chocs, attrapent la croix au lasso. La structure s'effondre dès que le fourgon démarre, s'émiettant au contact du bitume. Florian jouit dans sa barbe, comme rattrapé par une blague intérieure.

— Merde, on est dans un pays laïc que je sache…

Le commando a duré quarante secondes. À l'arrière, ils saluent l'opération par des cris de joie, se claquent les mains. Et puis Kevin s'est approché des sièges avant, ses lèvres charnues, sanguines de la satisfaction d'une belle journée intense dont il dresse le bilan.

— Voilà, on voulait te montrer un éventail de nos activités. On a encore deux ou trois projets en réserve, mais globalement tu vois on s'amuse, on profite de la nature, on exploite les richesses naturelles. On trouve toujours à s'occuper.

Kamel opine en silence. En fait, il n'est pas vraiment redescendu sur terre depuis la découverte du champ de cannabis, la séance d'escalade à l'envers. Et dire qu'il les prenait pour des blaireaux finis quand il les a rencontrés.

— Et vous avez pas les jetons qu'on vous chope ?

— Qu'est-ce qu'on risque ? Des fois, on a droit à un article dans le journal, ça nous fait marrer. On veut juste faire réagir ces culs-terreux qui ne mettent jamais rien en cause. Et puis on peut pas dire aux uns d'enlever leurs foulards et permettre aux autres d'exhiber des croix partout...

— Je parlais de la plantation. Vous avez pas peur que quelqu'un tombe dessus ?

— Hé, reviens sur terre ! C'est la sierra ici ! Il y a plus un pécore ! On fera sécher les plants dans une ancienne grange pas loin de notre prairie. Après, on descendra la récolte à dos d'ânes. Pour le reste, on prend nos précautions...

La fourgonnette tombe sur la ville au point mort, avec l'économie d'un planeur. Ils déposent Wozniak aux Catalpas et Florian continue sa tournée pour ramener les copains chacun chez soi. Ils vont se coucher, demain ils se lèvent tôt, Kevin et Luc-Alban font le marché, Prune est du matin, Lisa en stage au parc national.

Kamel monte dans sa chambre et s'allonge sans défaire les draps. Le soleil a disparu derrière le causse. C'est une trouvaille ce ventilateur, à faucher l'air d'un froissement régulier favorable aux visions. Tous autant qu'ils sont, on dirait qu'ils ont grandi trop vite. Ils sortent à peine de l'adolescence, ils ont encore des boutons sur le front. Pourtant, ils se comportent comme des pionniers. Ils en ont l'insouciance et la témérité. Ils prennent le causse pour un terrain d'expérimentation. C'est leur pugnacité sans gêne qui laisse Kamel pantois. Il se dit que ces gamins sont peut-être en train d'inventer un truc. Ce n'est pas grand-chose, mais il est content d'avoir gagné leur confiance sans même l'avoir voulu.

Il se relève et ouvre la fenêtre. En bas, le chat joue sur la terrasse, cette terreur épluche le coussin de la balancelle avec ses griffes. À côté, la maison aux volets mauves est tapie comme un scarabée prêt à s'envoler.

Le tas de branchages se consume encore dans le jardin de Villersexel, crachotant un filet de fumée orange qui se tortille vers le ciel. C'est une bêtise, mais il s'apprête à franchir la haie, remonter la pelouse jusqu'aux baies vitrées de la maison des voisins. C'est une bêtise, même s'il ne fait que répondre à la proposition de Laure de venir regarder ses toiles. C'est une bêtise car il sait qu'il déconne pour elle. Indépendamment du bon sens, et même de sa volonté. En dépit de l'impossibilité de la situation. Il est déjà sur la terrasse. Il tapote à la vitre. C'est une bêtise car il a soigneusement attendu que le mari ait quitté la ville pour se présenter.

La baie est entrouverte. Qu'est-ce qu'il fait ? Il entre. Personne ne l'y invite, mais il entre. Il appelle, traverse le salon du pas faussement détaché avec lequel on arpente un magasin dont le vendeur s'est absenté, continuant d'appeler sans qu'on lui réplique. Le silence couve, lourd et confiné, habité du poids des spectateurs embusqués sur leurs sièges. Un regard sur le mobilier, la masse opulente d'un canapé au poil ras, la cheminée basse et trapue. Il note certains détails, d'autres pas. Une table ancienne avec une panière de linge plié. Elle a dû sortir. La maison est en léger désordre. Pas de photos, pas de tableaux, aucune fantaisie. Un guéridon dans le vestibule, où il reconnaît les lunettes d'aviateur de Delmas. Une tasse sur le comptoir de la cuisine avec un reste de thé, des miettes éparses. Un journal plié en deux. Des cactus aux dimensions variées, de la taille d'un auriculaire à celle d'un bras. Un couteau fuselé près de l'évier, dont Wozniak effleure le tranchant de la pulpe du pouce. Il est bien, à rôder dans la maison de Laure, tout seul, tranquille. Tout est posé, paisible. Il se promène dans la vie des autres, en sachant très bien que c'est du viol. Il manigance dans quelque chose d'intime. Il pourrait vider le lave-vaisselle, ou changer la disposition des meubles, bouquiner dans un fauteuil.

Si ça se trouve, elle est là-haut, sous la douche. Une lumière naturelle tombe dans l'escalier. Il monte. Rien ne bouge. Il se hisse marche après marche, chaque pas est un trésor de précaution. Ce vertige d'avancer sans filet. Ses ongles rayent la tapisserie. Qu'est-ce qu'il fera ? Il se le demande, avec l'air de ne rien attendre de la réponse. Au point où il en est. Les interdits ne lui paraissent plus si évidents après les tabous qu'il a déjà transgressés. La salle de bains n'émet aucun son, dos collé à la porte il passe une tête, la pièce est déserte. Des gouttes d'eau sur les parois de la douche. Un épilateur branché sur le bord du lavabo. Il effleure les serviettes, pianote sur les faïences à deux mains, semblant jouer pour de vrai, mimant la transe du musicien face au miroir, puis il boxe dans le vide, martelant une poire de vitesse imaginaire.

C'est la chambre qui l'attire. Murs lambrissés de bois mal équarri en planches horizontales, fenêtres ouvertes à la rumeur extérieure. Le lit est défait, une chemise de nuit à bretelles au milieu des draps, il se penche pour sentir l'odeur de peau. Elle ne semble pas partager les lieux avec le mari. Puis il inspecte la penderie. Glisser les doigts sur les vêtements, baigner son visage parmi les matières suspendues à la tringle. Elle pourrait rentrer, le surprendre, pourquoi pas, il s'en moque. Il pourrait même s'allonger sur le lit et l'attendre. Soudain, un crissement de gravier dehors. Par un reflet de la fenêtre, il voit l'Ortega jaune qui se gare dans la cour. Il laisse l'instant filer, les yeux mi-clos. Il respire avec le ventre. Il est comme ces joueurs, grisés par le risque et le bluff. Il a jeté ses cartes sur la table pour voir, sans vraiment savoir ce qu'il cherche à gagner, au mépris du danger de tout perdre. C'est peut-être ce danger qu'il a voulu expérimenter en obéissant à la fréquence radio qui lui enjoignait de prendre la tangente.

Laure claque la portière, remonte l'allée dans un T-shirt fluide à imprimé qu'il lui connaît. En marchant, elle rassemble le manteau brun de ses cheveux dans un élastique. Il laisse enfler l'expectative d'un face-à-face.

Se jeter sur elle par-derrière, une main sur sa bouche. La porte d'entrée se referme. Elle est déjà dans le salon, lance ses clés sur le guéridon. Entre-temps, Wozniak a déclenché la course-poursuite, survolé l'escalier en trois enjambées, fendu le salon et la terrasse. Dans le jardin, il fait demi-tour, se recoiffe d'une main dans les cheveux et frappe de nouveau à la baie coulissante.

Dans la verrière battue par les rayons de la fin de matinée, Laure et Kamel se déplacent en crabe le long des murs, au fil de tableaux sombres aux couleurs rouillées, tachés de buissons comme de la craie mal effacée, des buissons qui pourraient aussi bien être de la fumée ou des nuages. Wozniak sent qu'il devrait formuler un avis ou un commentaire, une banalité pour enrayer le vide. Il voudrait dire que c'est chouette, mais le mot manque désespérément d'expertise.

Il attend que ça vienne, devant un paysage de bord de rivière, une berge inondée de soleil au point que l'eau est aveuglante. Des arbres, fagotés de guirlandes lumineuses. En s'approchant, il distingue des chevaux dans les branches. On discerne à l'examen que les animaux sont découpés dans des magazines, collés sur la toile.

— Les chevaux, comment ils sont montés jusqu'ici ?

— Je sais pas, ils étaient là en premier. Les arbres sont venus après.

C'est un vaste atelier aux poutrelles métalliques. Au milieu, un établi de menuisier couvert de matériaux. Une vieille pompe à essence dans un angle. Wozniak reconnaît Soraya sur une grande toile appuyée sur un banc de scie. Elle pose torse nu sous un gilet pare-balles, pantalon militaire, képi, un fusil de chasse à la main. Sans mentionner le personnage, il salue le drapé des vêtements, assez confondant.

— Je crois que c'est une recherche sur la façon dont se mélangent la féminité, le masculin, les images et les symboles. Je tourne autour de ça, sans savoir où je vais...

Plus loin, un encadrement de hiéroglyphes dans les tons gris et verts, des séries de nombres, et au milieu des gribouillis minutieux par dizaines représentant des créatures pleines d'anomalies et de protubérances, accouchant d'autres créatures sinistres avec des organes vitaux en transparence.

— Et celui-là, il y a une signification ?

— Oui, plus ou moins. Je crois qu'il traduit l'idée que nous sommes trop nombreux sur terre. Il faut arrêter, tout va exploser. Vous avez des enfants ?

— Non.

— Tant mieux. Les parents qui parlent sans cesse de leur progéniture, ça peut rapidement devenir assommant. Surtout quand par ailleurs les gosses sont intenables. Combien j'en ai connu qui hurlaient sans arrêt ? Qui ne supportaient pas la frustration. Il paraît que c'est la mode de ne jamais leur dire non. C'est dans cette société que nous vivons.

Elle s'excuse. À énoncer c'est peut-être un peu abrupt, mais de son propre aveu, elle est de moins en moins sociable. À présent qu'elle est venue se réfugier à la campagne, elle est soulagée de ne plus fréquenter les groupes. Elle a préféré s'en éloigner avant que la lassitude ne se transforme en animosité. Elle ne sort plus pour ainsi dire. Elle peint, elle s'occupe de ses plantes.

Elle ne dit plus rien. Wozniak préfère se taire lui aussi. Ils sont appuyés contre l'établi au centre de la pièce, à contre-jour. Il espionne les petits boudins délicats de ses pieds dans l'écrin des sandales. Elle ignore qu'il la surveille dans son jardin, qu'il est entré dans sa maison comme un assassin. Il l'aurait prise sous la violence de son désir, s'il était resté à l'attendre.

— Désolée, je dois vous paraître acariâtre. Mais la réalité c'est que je n'ai pas vraiment besoin des autres. Les conversations convenues qu'il faut supporter... Sourire, écouter les mêmes anecdotes. Rabâcher les mêmes platitudes.

— Bon, d'accord. Je vais me taire.

— Non. C'est pas ça...

— C'est bon, j'avais compris...

Un sourire mitigé. Elle replace ses mèches dans l'élastique. Des corbeaux à l'affût, voilà les dessins sur son T-shirt, coupé ample, dont les emmanchures offrent de larges brèches.

— Pardon aussi pour l'autre soir, mon mari. Il a tendance à se prendre pour un intellectuel.

Oui, Wozniak lui aurait bien mis des claques à celui-là. Sans réelle volonté de nuire, juste lui fermer sa grande gueule. Il le revoit encore, à dispenser sa leçon d'histoire en agitant ses mains comme des marionnettes, par goût du spectacle ou des gestes inutiles.

— Bon, je vais chercher le café.

Laure quitte l'atelier et Kamel ne peut s'empêcher de la suivre des yeux. Il est troublé à un point que ça en devient inquiétant. Il a besoin de regagner de l'oxygène, un minimum de distance critique. Il est conscient d'avoir trop projeté sur cette inconnue qui peint dehors sous la seconde peau d'un jean déchiré, s'envoie des gendarmettes au domicile conjugal. Elle s'est mise en travers de sa route alors qu'il est censé foncer vers autre part, ne s'encombrer de rien. Ou peut-être qu'il a juste besoin de tenir une femme.

Il sort sur le seuil de la verrière, dans la lumière aveuglante. D'une poche de son treillis, il extrait les lunettes d'aviateur et les enfile. Il observe le jardin à la ronde. D'ici, l'angle est différent. Côté Villersexel, les catalpas sont deux boules de feuilles qui surnagent à peine au-dessus de la haie mitoyenne. L'autre jour, il y avait des gazouillis plaintifs dans les thuyas, un merle tombé de son nid, ou une pie pour ce qu'il en sait. Wozniak est ce mec baraqué aux dehors patibulaires, et il a manqué chialer devant cet oisillon qui a perdu sa maman.

— C'est quoi ces petites fleurs ?

Elle est revenue avec deux grandes tasses qu'ils boivent debout en plein soleil.

— Du forsythia. Je préfère les arbustes et les buissons. Les tulipes, les jonquilles, ça me gave.

Si elle dit quelque chose à propos des lunettes, il se précipite sur elle et l'embrasse.

— Et la grosse touffe, avec les fleurs roses ?

— Du laurier-rose.

— Et l'autre, avec les fleurs blanches ?

— Du laurier. Blanc.

Kamel regarde à ses pieds les dalles de l'allée grignotées par les herbes. Les mots ne coulent pas. Elle ne l'aide pas, en plus. Il sent qu'elle lui échappe, il a eu tort de la croire à sa portée. Plus aucun courant ne passe. Il s'est monté la tête, il est tombé dans son propre piège à l'épier, ouvrant un boulevard à ses fantasmes. Il les imagine toutes les deux dans l'atelier, la complicité qui devait être la leur pendant les séances. Et tout le reste. Il n'y a pas de place pour lui, il s'est fourvoyé en franchissant la haie. L'ironie misanthrope de Laure, cette posture qu'il prenait pour un signe de ralliement, en réalité c'était pour se défendre de la gêne qu'il lui inspire.

Il avait envie d'être seul avec elle, et voilà c'est fait. Il va s'escamoter. Il esquisse le geste de poser sa tasse sur une table imaginaire, elle se tourne vers lui pour attraper la tasse et leurs doigts se frôlent plus que de nécessité.

— Vous avez une belle puissance figurative. Sous le roc, on sent qu'il y a une personnalité d'hypersensible. Et puis j'aime beaucoup votre bouche. Ça vous intéresserait de poser pour moi en robe de soirée ?

À ce moment, il prend conscience du babillage intarissable des oiseaux, qu'il entendait confusément jusque-là.

— J'ai vu de la lumière. Moi non plus, j'arrive pas à dormir.

Il se lève en sursaut de la balancelle. Il ne l'a pas entendue approcher, perdu dans l'observation du ciel, terminant sa tisane dans le noir. Elle s'est arrêtée à moins d'un mètre, il la détecte dans son radar, trop proche de ses frontières. Ils restent debout, sans parler. Seul le silence parle, lourd de signification. D'ailleurs il s'abstient de lui faire remarquer qu'il n'y a aucune lumière. Il est raide, il s'est bu deux infusions magiques. Kevin lui a donné de son herbe, un plein filet à pommes de terre. Il a dû trop charger la théière. Le nez en l'air, il croyait lire des mots dans les clous dorés des étoiles, il se demandait ce que c'était qu'une galaxie.

Laure promène un doigt sur la table. Il n'aurait qu'à lever la main pour la toucher. Il n'ose rien. Les secondes s'égrènent en hurlant, pareilles à des grosses gouttes dans une baignoire qui déborde. Il respire un peu lorsqu'elle s'éloigne en direction du chat. C'est curieux comme les grillons sont muets ce soir. Ou peut-être qu'ils n'existent que dans son imagination. Avant qu'elle passe hors champ, il distingue ses pieds nus sur les carreaux de la terrasse. Elle est dans une jupe fluide qui lui tombe aux mollets, la jupe qu'elle portait cet après-midi, dans la verrière, avec Wozniak engoncé dans une robe rouge ridicule que Laure avait dû découdre pour qu'il puisse y rentrer les épaules. Il savait d'avance qu'il poserait pour elle, qu'il ne pourrait pas s'en dissuader, qu'il ne trouverait rien de mieux que de jouer au modèle dans l'espoir d'un méchant flirt.

En revenant sur la terrasse, cette fois elle ne ralentit pas, décidée à l'accoster. Elle lui effleure la main. Il encaisse la pression de son anatomie, décharge électrique au contact de sa poitrine, son ventre. Elle met ses ongles dans ses cheveux, visage contre visage. Elle ne l'embrasse pas, et il ne cherche pas non plus à l'embrasser malgré ses lèvres à elle, entrouvertes sur l'arête de sa mâchoire, son souffle à elle qui frissonne sous son oreille. Il ferme les yeux, renifle sa peau, l'odeur imprégnée des molécules de peinture. La bouche de Laure se tord contre sa barbe, les éclaircies imberbes de ses joues, et puis il reçoit la matière élastique de sa langue, agile au seuil de sa bouche. Et tout s'accélère.

Tout à l'heure, son expression était si concentrée quand elle peignait, une expression sereine, apaisante. Par son silence appliqué elle savait le mettre à l'aise. On n'attendait rien de lui, que de ne pas bouger. Ce n'était pas la première séance, mais il ne s'ennuyait pas. Le moment était suave, immobile. Il était quasiment lui-même. Ça lui plaisait d'être une statue. Ils parvenaient très bien à ne pas se parler, leur silence tenait de l'intime. Elle corrigeait sa position en quelques instructions. Les minutes passaient, tranquilles. Il n'avait rien d'autre à faire que la regarder. Parfois elle venait plus près, rajustait sa tenue étriquée. Il sentait la chaleur de sa peau, ses cheveux se mêler aux siens, balayer ses épaules. Il sentait sa sueur à lui, perler de ses aisselles, absorbée par le velours satiné de la robe. Il sentait une odeur à elle, organique, un peu grillée, un peu laquée, un suc qu'elle aurait sécrété exprès pour l'envoûter.

Ils titubent jusqu'à la balancelle, et c'est toujours le même baiser de chair fraîche. Le T-shirt de Kamel ne tient plus que par une manche. Il cherche à retenir ses mains, il n'appuie pas ses gestes malgré le tumulte et l'envie, pourtant il sait déjà qu'il ne pourra pas rebrousser chemin. Une partie de lui voudrait tout stopper. Il est en cavale, il n'est pas censé s'attacher, pas censé tomber amoureux de cette femme qui rampe sur lui, les doigts crochetés à sa ceinture, les dents plantées dans un trapèze. Laure porte un haut moulant, croisé dans le dos, dont Wozniak a descendu les bretelles comme il a pu. En se faufilant plus bas, il comprend qu'il s'agit d'un justaucorps sur lequel il bute à tâtons. Ils ne font pas l'amour ce soir-là. Ils s'interrompent, au summum de la stimulation, comme on débranche un câble et que tout s'arrête, la lumière, la musique, par un accord subliminal dont elle serait l'instigatrice. Ils sont montés trop haut, aller plus loin n'aurait consisté qu'à ternir le truc. Elle leur épargne un retour brusque au banal, le contrecoup mesquin de l'assouvissement. Ils ne bougent plus, ils ne disent rien, c'est difficile d'avoir une conversation après ça.

Laure a remis de l'ordre dans ses vêtements et repart en silence. Wozniak croit distinguer un geste dans le noir, celui d'embrasser ses doigts avant de saluer de la main, sans se retourner. Il est excité, bouillant, et en même temps vide et léger, c'est comme s'il s'était battu à mains nues dans la rue, c'est le même état, avec le cœur qui bat à tout rompre. Il vacille tel un homme soûl jusqu'à la cuisine, empoigne une bouteille d'eau et la descend d'un trait.

Couché sur le matelas, dans la position d'une étoile de mer, il fixe le plafond, les hélices du ventilateur. Son cerveau joue tout seul, cherchant à imiter le mouvement de centrifugeuse. Son cœur cogne encore. Boxe. Boxe. Il pense à Laure. Il a dix-sept ans d'âge mental. Elle est venue ici, intrépide. L'audace du premier pas, les provocations de sa bouche. Laure à cheval sur lui, pétrissant les taches sombres de ses tatouages. Le barrage imprévu du justaucorps, obstacle impossible, pas le genre de tenue qu'on choisit dans la perspective de se jeter sur un homme.

À un moment, il avait cessé de réfléchir, il ne pensait plus à rien, il déclinait toute responsabilité, toute initiative, il rêvait presque, jusqu'à la suspension, le départ impromptu de Laure, comme si rien n'avait existé, sauf le désir enrayé. En se tournant dans son lit, il se demande si c'est bien lui qui a vécu cette aventure, ou s'il n'a pas atterri dans la vie d'un autre, pris la place de quelqu'un par transfert occulte. Du reste, c'est cela qu'il voulait, changer d'histoire. Les symboles au fer rouge du radio-réveil. 04 : 12. C'est peut-être l'herbe de Kevin qui l'a trop secoué. Pourtant si, elle est venue, tout est vrai, preuve en sont ses lèvres abîmées. Mais alors qu'il s'enfonce dans la brume anesthésiante du sommeil, son flair l'avise de combien cela demeure faux et périlleux. Laure n'a pas posé de questions et il n'a rien promis, mais il n'en demeure pas moins un usurpateur, un menteur par omission, un menteur tout court, un renégat tapi sous les apparences du voisin inoffensif, un escroc duquel il ne faut pas s'enamourer.

Et puis il n'a pas dix-sept ans, il en a plus du double.

Les jours d'après, il attend qu'elle revienne. Par malchance, le mari est rentré de Montpellier au guidon de sa grosse péniche. Wozniak reconnaît que c'est pitoyable. Il est en perdition, il n'a plus un radis, ou tout comme. Il est aux abois, prisonnier dans cette bourgade. Mais il ne vit que pour une nouvelle visite de Laure. Il en est malade de tout ce qu'il a oublié de caresser l'autre soir. Soraya est venue le chercher une fois pour courir. Sinon il tourne en rond. Florian a expédié la camionnette au fossé, c'est Lisa et Kevin qui sont venus lui rapporter l'incident. Le petit barbu s'en tirait avec un poignet cassé ; au moins il pourrait bouquiner pendant son arrêt de travail. Kamel s'en fout. Derrière sa fenêtre, il ne cesse de guetter les apparitions de sa voisine. Si ça se trouve, elle ne reviendra pas. Il s'agace mais c'est bon de connaître ça, se languir, être sur le qui-vive. La baraque est encore à lui pour un mois. Ça ne tient qu'à lui de prolonger sa station ici. Il dispose de cette liberté, il n'a pas de contraintes. Ce n'est pas comme si quelqu'un l'attendait sous d'autres cieux. De toute façon il sait que son projet de Tasmanie a tourné court. Le morceau était trop gros pour lui. Ce n'est pas d'hier qu'il a conscience du côté boiteux de son entreprise. Au mieux, il est parvenu à sauter d'un train en marche. Pour le reste, les conditions de l'après, c'était du travail d'amateur, il n'avait pas davantage de suite dans les idées que lorsqu'on se gare en double file pour acheter le pain.

La fuite était le but en soi, elle lui tenait lieu de seul plan d'avenir. Il ne sait même plus s'il espérait vraiment une autre chance. Et de reconnaître que c'est foutu, d'avouer ce qu'il n'osait pas s'avouer, il en éprouve du soulagement. Il tire de son échec une jouissance malsaine, c'est effrayant, c'est vertigineux. C'est dans ces cas-là qu'on prétend n'avoir plus rien à perdre. Alors qu'est-ce qui l'empêcherait de se laisser flotter dans le courant ? Se comporter comme un imbécile. Fumer de l'herbe, zoner avec une bande de fermiers, se mettre dans des affaires de sexe. Naviguer à vue de nez, jouer le court terme, marcher vers le gouffre en détournant les yeux.

Laure ne s'est pas beaucoup montrée dehors. À peine a-t-elle taillé deux ou trois branches hirsutes, asséné quelques coups de râteau. Tout à l'heure, elle lui expliquera qu'elle a consacré ces journées à la restauration de son escalier, poncer, repeindre les boiseries, poser de la mosaïque sur les contremarches, une mosaïque écarlate qu'elle a fabriquée elle-même.

Elle ne frappe pas, ne se signale pas. Elle est entrée par la cuisine, a considéré le salon à la ronde, la ribambelle de boules à neige sur le buffet. Elle se laisse aspirer par le pas de vis de l'escalier. Kamel est couché dans sa chambre, volets coffrés, demi-nu, en appui sur un coude. Les gants de boxe tatoués sur sa poitrine. Il s'ennuie dans une partie d'échecs, jouant les noirs et les blancs. Résister à sa propre intelligence, combattre ses fortifications, tout savoir de l'adversaire, il n'existe rien de pire. En plus, il a oublié comment se déplace le cavalier.

Il sursaute en la remarquant. Déhanchée dans l'encadrement de la porte, elle agite une boule à neige avec ostentation. Cheveux lisses et mouillés. Pantalon de jardinier retroussé aux genoux, manches roulées sur les épaules. Plus tard, il pensera que leurs méthodes se ressemblent, cette manie de pénétrer chez les gens comme des cambrioleurs. Elle approche et s'assoit à côté de lui.

C'est la nuit maintenant dans le huis clos du meublé. Ils sont allongés sur le drap humide dans la pièce trop chaude. La vie est prête, disponible. Ils ne disent rien. Elle tire sur le joint, des résidus de colle à matériaux sur ses doigts. Puis la voix de Laure retentit dans une volute, une voix de gorge, les poumons pleins de fumée.

— Tu fais toujours l'amour comme ça ?

— C'est-à-dire ? Comment ?

— Lentement... Non mais j'aime bien.

L'atmosphère est saturée d'herbe. Kamel a roulé un joint calamiteux au tirage surpuissant. Le ventilateur hache la fumée. Elle se lève pour aller aux toilettes, en renfilant son T-shirt, l'embrasse au passage et sa bouche est brûlante. C'était bizarre de faire ça avec elle. C'était bien. C'était dingue. Mais au début il a eu du mal à se sentir légitime, à chasser ses inhibitions.

— Et ce que tu as fait avec mes pieds...

— Je sais pas. Ça m'a pris comme ça.

Les ombres s'allongent entre les volets, dessinant des figures étranges à la lumière frêle du clair de lune.

Ce n'est pas l'obscurité, ce n'est pas la pénombre non plus, c'est une nuance intermédiaire qui laisse une part aux détails. Laure effleure les pixels agglomérés sur la poitrine de Wozniak. Elle suit d'un ongle les lettres du prénom féminin tracé dans les cordelettes.

— C'est dur de lire en toi. On dirait que tu t'es évadé. On se dit que tu fuis quelque chose. Que tu as fait des bêtises. Je sais pas, on dirait que tes attitudes ne correspondent pas aux sentiments que tu éprouves...

Son élocution est détachée, travaillée, de celles qu'on adopte volontiers dans le noir, à couvert. Elle n'aurait pas ce ton théâtral, sachant de quoi il est capable.

— Et puis tu es un peu d'occase, visiblement...

Jusque-là, elle ne s'était pas montrée indiscrète ni curieuse, elle n'a rien demandé, mais il devine que ça ne va pas tarder. Elle va le pousser à se raconter, il va devoir mentir. La paume de Laure rampe sur son ventre, l'effet d'une crampe, une douceur électrique.

— On sent que tu as vécu des choses, que tu protèges un secret derrière tes barricades. Que tu as de la violence en toi. Mais tu n'as pas l'air si dangereux. Ça donne envie de t'apprivoiser, de t'avoir pour soi tout entier.

Elle enroule ses doigts dans les poils du bas-ventre. C'est sa main droite, la main abîmée, à propos de laquelle il n'a rien demandé.

— On sent qu'il ne faut pas te mettre à l'épreuve des questions. Qu'il faut te prendre comme ça...

Elle se tait, il ne reste plus que le rotor du ventilateur dans le silence. Le bras de Laure ressemble à une basse branche émergée de la brume. Au début ce n'est qu'un frôlement qui fait chavirer, puis elle prend le contrôle. Et tout recommence. Après, Wozniak monte des bouteilles de bière givrées. Il joue à rouler sa bouteille sur la cuisse de Laure, tandis qu'elle lui parle à nouveau. Comment son mari se tape des étudiantes. Des midinettes qui jouent des rôles, qui se baladent avec des tresses et des lunettes panoramiques, miment des guillemets du bout des doigts pour se persuader qu'elles profèrent des paroles inouïes. Elle reste avec Victor parce qu'elle ne sait pas faire autrement. Peut-être qu'elle aime le détester. Ce type confit dans ses certitudes, ravi de sa personne. Tellement sûr de son jugement qu'il ne lui vient pas à l'esprit que les autres réfléchissent aussi. Ce type qui est dans le besoin permanent de satisfaire un désir, à qui tout est dû. Et que tout aille vite. Pour qui autrui est un prestataire. Il achète par plaisir, par compulsion, dès qu'il s'ennuie, pour le bonheur de jouir d'une réduction. Il chérit son pouvoir d'achat. C'est un client par essence. Il aime qu'on le flatte, qu'on se mette en quatre, que tout soit fait pour le séduire.

Ils sont seuls dans la grande maison calme et enveloppante, et l'on n'attend rien d'eux. Ils n'ont aucun impératif, pas d'astreinte, pas de programme. Ça fait du bien de gâcher le temps après l'amour, l'esprit dégagé. Wozniak a remonté de nouvelles canettes. Le pschitt de la capsule, la petite vapeur qui s'envole. Elle est couchée sur le ventre, dans la position du sphinx, les pieds en l'air.

— J'ai jamais rencontré quelqu'un comme toi. J'ai l'impression qu'on se ressemble. J'ai jamais rencontré quelqu'un qui me ressemble.

Chez Kamel, elle a aimé sentir sa méfiance à l'égard des autres, sentir sa solitude, une solitude à laquelle on sent pouvoir s'agréger. Elle n'aime pas les gens qui fréquentent des tas d'amis. Elle aime les personnes discrètes, qui n'ont rien à vendre ou à prouver. Les hommes qui ne cherchent pas à démontrer leur virilité, qui sont perméables au doute. Qui puisent leur force dans le détachement intérieur. Elle rêve d'un amant qui n'essaierait pas de lui expliquer la vie.

Laure recommence à débiner Victor et c'est bon d'entendre ce mec se faire démolir à peu de frais. Ce mec qui parade à moto pour le plaisir d'être bruyant, comme tous ces connards de motards en manque de reconnaissance qui dégueulassent les routes de traverse en se prenant pour des aventuriers. Surtout, il n'est pas souvent là, voilà ce qui rend la vie supportable. Delmas a hérité de la maison. Ils l'ont réaménagée. Avant, ils se contentaient de quelques week-ends. Elle a fini par y élire domicile. Ça tient en équilibre sur ce fil. Et puis il a du fric, même si c'est assez piteux de le reconnaître. Elle se hait pour ça. Ce n'est pas tant qu'elle est dépensière, mais n'ayant pas eu besoin de gagner un salaire depuis des lustres, elle aimerait autant que ça ne s'interrompe pas.

Wozniak lui caresse le contour du mollet, les mêmes mollets qu'elle avait noués autour de sa taille tout à l'heure, et qu'ils ne bougeaient plus ni l'un ni l'autre, pétrifiés dans l'imminence du meilleur moment. Coucher avec Laure, c'était vérifier qu'il était toujours en vie, qu'il existait encore une possibilité. Coucher avec elle, c'était tenter d'accrocher des mots sur quelque chose d'inaccessible. Finalement, ce n'est peut-être rien d'autre qui l'a conduit ici, dans cette sorte d'exil, se prouver que tout n'était pas fini.

Laure s'est lovée contre son ventre. Il pose la main sur sa poitrine, y guettant la pulsation du cœur. Le sein est doux et tiède, rien n'altère le toucher que le tissu soyeux de son T-shirt à boutons. C'est l'heure où l'on hésite entre le jour et la nuit. Par la fenêtre, le paysage n'est encore qu'un squelette. Soraya ne va pas tarder à venir le chercher pour courir. Laure ne semble pas décidée à dormir, pas plus qu'il n'est décidé à la laisser filer. Elle fixe le plafond. La petite cicatrice sous son œil ressemble à un grain de beauté. Wozniak pourrait lui parler de la gendarme, de ce qu'elles ont fait toutes les deux. Il pourrait, mais il s'en fout. Il n'a pas envie d'en apprendre plus. Il ignore même si Laure est au courant qu'il connaît Soraya. Ça lui va de ne pas tout savoir, comme ça lui va de ne rien dire de lui.

Depuis l'accident de Florian, ils n'ont plus ni chauffeur ni voiture. Ils sont coincés. C'est pour ça que Kevin sollicite l'aide de Kamel. Il s'agit d'une course à Montpellier, une livraison pour un cousin. Sept cartons, huit à la limite. C'est le début d'après-midi, Luc-Alban ouvre la voie parmi les broussailles. À la clôture du marché, ils ont fait un crochet chez Wozniak pour lui proposer une excursion jusqu'au belvédère.

— Des cartons de quoi ?

— Devine. Des farces et attrapes. T'es con ou quoi ?

Il n'a pas beaucoup dormi les nuits dernières. La faute à Laure. Ils se voient chez lui, chez elle, ils couchent ensemble. Il n'avait pas prévu que ça le happerait à ce point. Croiser l'amour, il ne l'a jamais envisagé lorsqu'il préparait son échappée. À moins que ça fasse seulement partie de l'expérience, une histoire éphémère, sulfureuse et basta. Il y a encore pas mal d'ambiguïté entre eux. Wozniak a compris qu'elle n'aimait personne, mais que pour lui elle était prête à consentir une exception. Il est censé se débrouiller avec ça.

— Attends avant de dire non. C'est mon cousin. Je lui remets le matos. Point. Et on repart.

D'après Kevin, il n'y a pas de risque, pas d'embrouille possible. Tout est sous contrôle. Tout est cloisonné. La procédure est huilée. Ils se contentent de livrer le fameux cousin. C'est leur seul interlocuteur.

— On est des paysans, pas des trafiquants.

Il dit ça la main sur le cœur, avec tout l'aplomb nécessaire.

Le cousin s'occupe de négocier l'herbe avec un grossiste. Le grossiste ignore d'où provient la fenaison. Il revend à des semi-grossistes, qui revendent à d'autres intermédiaires. Impossible de remonter la chaîne.

— Et vous avez pas un pote qui a une caisse ?

— Bien sûr que oui : toi…

Il n'a jamais compris ce que ces gamins lui trouvent. Ils viennent fumer chez lui, restent un moment discuter, trop mûrs pour leur âge, et repartent avant que Wozniak n'ait eu le temps de se lasser d'eux. À force, ils sont devenus potes et il est censé convoyer de l'herbe pour leur compte. Ça se tient, après tout. Mais pour Kamel il n'est pas question de remettre les pieds dans la nasse d'une métropole. La prémonition de se diriger vers sa mort lui collerait à la peau.

— T'es au courant que j'ai pas de bagnole ?

— Tu peux en emprunter une… Ta copine gendarme. Si tu réfléchis bien, c'est la planque mystique.

Kevin dit ça les mains enfoncées dans son bermuda avec des poches partout. Il se compose une moue tragique, manière de maquiller son culot d'un faux air de consternation. Puis, sautant d'un sujet à l'autre, il entreprend de lui enseigner la différence entre un chêne pubescent et un chêne rouvre.

— Tu veux que je transporte de l'herbe dans une voiture de gendarmerie ?

— À la limite, t'es pas obligé de venir. Je sais conduire. Tu t'arranges juste pour me fournir la caisse.

Avec L-A, ils sont convaincus de leur idée. Leurs yeux brillent d'excitation, ils ne retiennent pas l'éclosion d'un sourire futé. Comme tous les mecs doués, ils n'en font qu'à leur tête. Wozniak lève les bras puis les laisse retomber, exprimant par là tous les déboires que lui inspire le génie humain. Derrière leur maturité presque inquiétante, ils ont parfois des éclairs de débilité : fumer des joints et sauter dans le vide à vingt mètres, expédier des substances illicites dans un véhicule de flic…

— On va se la payer, cette ferme. On n'a pas l'intention de vendre de l'herbe toute notre vie.

C'est Luc-Alban qui prononce cette sentence définitive, en reprenant l'ascension à flanc de vallon.

— On veut juste rassembler du fric pour démarrer. On a zéro capital et c'est pas les banques qui vont nous prêter de l'argent.

Du lot, c'est lui le plus à fleur de peau. Il parle comme un acteur tragique. Ce fric, c'est le moyen de réaliser le plan qui motive leurs existences. Tout est budgété. Acheter de quoi s'équiper, l'outillage agricole, les matériaux pour retaper leur hameau. Lancer les productions. Ils ont déjà travaillé sur les bilans d'exploitation. Ça y est, ils ont atteint une terrasse taillée dans le calcaire. C'est le site. Le spot mystique.

Les stigmates d'un feu. Un tronc creusé en guise de banc. Un hamac tendu entre deux arbres, dont l'un est enraciné dans l'escarpement. Après, c'est le vide. Plus bas, le promontoire d'où Kevin a plongé. En face, la ville dans sa corbeille, décalquée sur le rempart du causse. Au fond du gouffre, la rivière, à l'exacte verticale, les plages de galets, la vasque où s'est produit l'accident. Kamel est surpris de s'en rappeler comme d'un souvenir ancien.

— Quand on était gamins, on venait là pour pisser sur les touristes.

Kevin s'est avancé au bord du précipice. Il braque son doigt vers la droite, par-delà le pont de fer, en direction du supermarché.

— Tu vois le furoncle là-bas ? Rouge et jaune. Cette tumeur… Les enculés…

Il veut parler du Fast-Gronald, flambant neuf derrière la gare routière.

— Ça me casse les burnes. Les paysans bossent comme des tarés. Quand on n'est pas dans les champs on est sur les marchés, on fournit les cantines, sans déconner on se casse le cul…

Wozniak hoche la tête, le regard grave perdu dans la miniature de la zone commerciale, tandis que Kevin poursuit sa diatribe. Depuis tout-petit ses parents l'ont emmené dans les manifs : OGM, pesticides, semences paysannes, et maintenant on leur envoie ça, c'est vraiment leur cracher à la gueule. Kamel suit des yeux les voiturettes silencieuses, en même temps qu'il suit les traces de ses pensées fugaces. Le ciel est comme une tenture dont rien ne dément le bleu d'abysse. Il a longtemps pris leur projet communautaire pour une lubie juvénile. Maintenant, ils sont sur le point de le convaincre du contraire. Ces jeunes ruraux ont une vision. Ils vont aller au bout de leur doctrine. C'est la vie qui court après eux, pas l'inverse. Leur entrain force l'admiration. Forcer, c'est le mot. Ils additionnent les compétences et les ressources, ils se donnent les moyens. Leur démarche est sous-tendue par une logique, ils vont vraiment s'acheter une ferme. Et ça ne serait pas étonnant qu'au passage ils s'en prennent au Fast-Gronald, que Kevin persiste à conchier.

— En plus ça pue quand tu passes pas loin.

Kamel se sent minuscule à côté d'eux. Vingt ans plus tôt, il a connu la même ferveur. Il s'est lancé dans la boxe avec la même détermination de toucher au but. Il y a cru, il a espéré en gravir les échelons, aussi naïvement, avec autant de conviction aveugle que les paquets de lascars dans son genre qui se persuadaient d'y trouver leur salut. Il s'est battu pour ça. Il était plutôt habile, dans son registre attentiste et technique. Les entraîneurs misaient sur lui, il avait de l'endurance et une récupération rapide qui compensaient son défaut de puissance explosive. Mais un jour on s'aperçoit que c'est trop tard. On se réveille un matin, il ne reste que ce qu'on ne pourra plus être et les mirages à perte de vue. La roue tourne, on perd, on gagne, mais la chance n'existe pas. Combien faut-il vouloir que quelque chose arrive ?

Il a essayé. Pas assez, sans doute. Pas assez d'abnégation. Il n'avait pas la discipline. Il lui manquait la colonne vertébrale et la sagesse. Il aurait voulu que ça vienne plus vite, avec moins de souffrance. Il a échoué. La faute au dilettantisme, aux inclinations de la vie dans les cités. Squatter les cages d'escalier, se défoncer. Détruire, exercer rancœur et désœuvrement sur l'espace public. La délinquance ordinaire. Traîner en meute, vivre en vase clos. Bastons. Cambriolages. Chercher la merde, caillasser des flics et des pompiers. Faire le désespoir de sa mère. L'écœurement des entraîneurs à le voir mal tourner, leur résignation parce que ce n'était pas le premier à leur filer entre les doigts. En réalité, il n'a pas choisi d'arrêter la boxe, il a laissé tomber, ce n'est pas pareil, c'est pire.

Jusqu'à la grosse claque. Une énième bagarre qui tourne mal. Le mec en face qui reste trois jours dans le coma. L'inculpation. Coups et blessures volontaires en récidive. Condamnation à trois ans d'emprisonnement, dont dix mois ferme. Wozniak avait dix-huit ans.

Sa mère n'est jamais venue le voir en taule. Au fil des années, il a cru approcher ses raisons profondes ; elle n'en avait probablement pas la force, coincée entre le déshonneur d'avoir engendré un fils pareil et la terreur qu'il lui inspirait.

Ils boivent un café au soleil sur la terrasse de Laure, de ces cafés violents dont elle est l'incorrigible artisane, armée de son percolateur en métal roussi.

— Il te va mieux qu'à lui.

Après la douche, il n'avait plus de fringues, il a piqué un polo dans l'armoire de Victor. Ils passent pas mal de temps ensemble, ça va leur faire drôle quand l'autre va se radiner dans le secteur, prononçant leur dispersion. C'est ce à quoi il songeait tout à l'heure, alors qu'il prenait la pose dans l'atelier, déhanché contre la pompe à essence retapée. Avant de quitter la verrière, il avait lâché le morceau à propos de Soraya.

— La fille, sur l'autre tableau. Tu sais que je la connais ?

— Ah oui, Soraya. C'est une amie. Enfin, c'était une amie.

Après manger, ils vont se tremper en amont de la maison, un endroit où l'on ne rencontre quasi personne. L'eau dessine des culbutes dans les rochers, il n'y a pas de plage mais on peut s'allonger sur les pierres plates en presqu'îles. C'est l'un de ces après-midi où l'on voudrait que le monde entier vous oublie, laisser flotter ses pensées sans effort, tranquille, dans une région éloignée des engrenages. Après la baignade, ils se sèchent sous l'ombre en napperon des branchages, à plat ventre, collés au rocher comme deux lézards. Le bras dans le vide, Wozniak laisse le courant jouer avec ses doigts. Il y a cette femme en maillot de bain à côté de lui, ce corps qui ne lui est pas encore familier, bien qu'il en ait fait plusieurs fois la reconnaissance, jusqu'aux territoires les plus confidentiels. Il se rappelle sa pudeur à se montrer nue devant lui, la première nuit, lorsqu'il lui a retiré son pantalon et le reste, trouble auquel il ne s'attendait pas, et qui dénotait sa fragilité.

Laure raconte que son père était l'archétype du prolo moyen qui traînait au café avec ses copains, sa mère l'incarnation de la ménagère qui ne sortait pas de ses quatre murs.

— J'en parle au passé, c'est dire le respect qu'ils m'inspirent… Je suis même pas fâchée avec eux. On s'est perdus de vue, à force de ne pas se voir, de ne jamais s'appeler.

Elle a fréquenté la fac un an et demi avant d'abandonner. À cette époque elle vivait dans un squat d'artistes, un espace en autogestion, c'était une expérience assez foireuse mais qui l'a tout de même tenue plusieurs années. Elle avait envie de se battre mais ne savait pas contre qui ni comment. Peu après, elle a rencontré Victor. Elle n'a jamais compris ce qui l'a charmée chez lui. Peut-être qu'elle n'avait pas mieux à faire. Il en jetait. Il frayait dans les bons milieux. Il donnait un cycle de conférences totalement nébuleux sur la fabrication du regard et le sujet culturel. Il était dans le comité scientifique des Beaux-Arts. En fait, elle l'avait déjà croisé à la fac, en suivant un séminaire qu'il animait sur la plastique contemporaine. Elle le trouvait déjà pédant.

— Ma vie est une blague qui ne fait rire personne.

Kamel est bien, dehors avec elle, juste à l'écouter, les obliques parcourus de frissons légers. Elle a relevé ses cheveux en chignon, découvrant sa nuque où planter les dents, où laisser courir ses doigts. Sans s'interrompre, elle s'est approchée pour effleurer le tatouage sur son épaule, le boxer à gueule d'hippopotame. On ne la remarquait pas quand elle était petite. Elle n'était jamais la plus belle, jamais la meilleure élève, jamais la plus dégourdie. Elle ne sortait pas du lot, et pourtant on se moquait d'elle, jusqu'à devenir le souffre-douleur quand il en fallait un. Elle observe l'autre tatouage, cette empreinte du passé, ce prénom qui prend de la place entre eux. Laure peut parler autant qu'elle veut, tant qu'elle ne lui demande rien sur sa vie.

— Je me sens plus heureuse aujourd'hui qu'à vingt-cinq ou trente ans, plus solide et sereine. Je sais ce que je veux, et plus seulement ce que je veux pas. Ce n'est pas vain de vieillir. Je sais pas jusqu'à quand ça peut durer, mais j'en profite.

Pendant des années, Delmas n'a fait que la rabaisser sur tout et n'importe quoi. Il lui renvoyait l'image d'une femme pas assez femme, pas assez jolie, pas assez intelligente. Avec sa manière visqueuse d'enrober ses reproches dans des sous-entendus. Et toujours son petit rire de condescendance merdique. Sa façon de s'exprimer par énigmes, de ne jamais rien dire clairement, pour mieux la convaincre qu'elle n'était qu'une conne, pas digne de recevoir des explications.

— À la fin, j'étais paralysée, je perdais les pédales. Parfois je pensais qu'il avait raison, que c'était ma faute, je me sentais coupable d'être sotte. J'avais honte. Je sortais plus, je voyais personne.

— Et alors, qu'est-ce que t'as fait ?

— Qu'est-ce que tu voulais que je fasse ? Je suis venue habiter là.

Un vent léger se met à frémir sur le lit de la rivière. Wozniak remarque la chair de poule qui hérisse les cuisses de Laure.

— T'inquiète, je suis guérie. C'est mieux maintenant. Le peu qu'on se voit, on se parle pas. Mais je lui en veux quand même. Et je suis rancunière.

Plié en deux, les coudes sur les genoux, Wozniak profite de la pause pour refroidir la braise de ses poumons. Soraya se soulage derrière un taillis. Dans le silence du plateau, il entend le sifflet reptilien de sa miction.

Elle le rejoint sur le sentier, plante ses yeux dans ceux de Kamel.

— Je sais qui tu es.

Elle ne le dévisage pas, elle le défigure à travers la meurtrière de ses montures rouges. Il lui rend son regard, avec une charge de défiance en plus. Il attend la suite, dans l'atmosphère au couteau. Rien ne bouge, que sa poitrine à lui.

— Je sais ce que tu as fait. Il y a un fichier pour les gens comme toi.

Soraya brise le ressort dramatique. Elle appuie sur cet abcès abominable qu'il a sur la conscience, ce méfait tellement intolérable que rien ne saurait justifier sa conduite ni défendre sa cause.

Ce jour-là, il faisait très beau. Il ne doutait pas. Il était prêt, il s'était longuement préparé. Plus tard, un tribunal aurait peut-être à se prononcer sur son cas. Au moment de répondre de sa préméditation, la franchise réclamerait de lui qu'il reconnaisse l'antériorité de ses intentions. Parce qu'il a mûri son projet des mois durant. Il a paramétré son coup avec minutie. Il en a testé l'enchaînement à des dizaines de reprises, dans sa tête d'abord, et puis en conditions réelles.

— Depuis quand ?

— Depuis le début. Depuis l'accident de Kevin.

Ce jour-là, il faisait très beau et dehors tout était comme toujours. Rien n'indiquait que c'était son jour. Il n'y avait rien de particulier dans l'air. En refermant la porte derrière lui, il savait que c'était la dernière fois. Il n'y avait plus à réfléchir. Sa décision était prise. Il restait à exécuter le plan. Les trottoirs étaient noirs de monde, les magasins happaient et recrachaient les badauds à jets continus. Il avait pensé boire un remontant dans un bar pour se donner de l'ardeur, mais il n'en éprouvait pas le besoin. À cet instant il était encore un homme honnête. C'était facile en vérité de basculer dans l'horreur.

— Pourquoi tu m'as pas dénoncé ?

Ce n'est pas tant la peur de la gendarme qui hante Wozniak que la honte d'affronter l'œil inquisiteur de Soraya.

— Je sais pas. J'hésitais. J'avais envie de comprendre. Ce n'est pas commun de tomber sur quelqu'un comme toi… Tu m'intriguais.

Sa faute devait rester enfouie en lui. La seule manière de tenir une position sociale était de ne jamais se dévoiler, interpréter son nouveau rôle comme si de rien n'était.

— Et puis tu venais de sauver le fils des maraîchers… J'avais envie de te connaître. Je voulais savoir si tu étais capable de ressentir de l'empathie ou du remords.

Au fond, il n'a jamais été qu'un ambitieux au petit pied. Pas mieux qu'un type qui gratte ses cartons aux comptoirs des bars-tabacs pour tout sauf-conduit. Guère plus qu'un parieur à crédit qui traque la chance au coin des bars pourris. Tout ce qu'il voulait, c'était une partie gratuite.

— Tu n'avais pas l'air décidé à quitter précipitamment les lieux. Disons que je te surveillais. Pour voir ce que tu avais prévu ensuite. Je jouais un peu à la détective privée.

— Et là, tu me surveilles encore ? T'es plutôt gendarme ou détective privée ?

— Je sais pas.

La panique n'était montée qu'après. Alors que le plus dur était derrière lui et que tout lui avait paru simple. Sa concentration se relâchait, il ne tenait plus ses pensées qui déliraient. La sensation d'être suivi dans les rues. Son cerveau déformait le moindre signe, le moindre regard du moindre chaland. L'impression que les balles sifflaient à ses oreilles. Il rasait les murs avec le trouble de celui qui s'excuse de vivre. S'arrêter sur les trottoirs, hagard. S'agenouiller à l'abri d'une voiture. Se retourner pour vérifier ses arrières. Il amorçait quelques pas de course, avant de s'astreindre à une démarche normale. Ne pas tergiverser, ne pas donner prise à l'angoisse. Trois fois il avait pris le métro, selon le schéma déterminé, quittant la rame au dernier moment pour dissiper les traces.

Puis il avait traversé la moitié de la ville en bus, avant de se perdre dans les rues. À marcher ainsi sans but, il regagnait son calme, échelon par échelon. Boire un litre d'eau pour adoucir sa gorge brûlante. Il ne lui restait plus qu'à se payer des fringues de voyage, balancer les autres ainsi que son téléphone, sa carte bancaire et ce qui constituait peu ou prou son identité. Désormais il pouvait fuir. Juste avant d'atteindre la gare, il y avait eu ce type grandiloquent qui l'avait poursuivi sur le trottoir en essayant de lui caser son baratin. Une sangsue comme il y en a des centaines à quémander pour les organisations caritatives. Wozniak redoutait d'attirer l'attention et l'autre devait le sentir, il s'accrochait, il suppliait, et alors Kamel se sentait perdre sa maîtrise d'être ainsi entravé dans sa fuite par un grain de sable. Soudain sa tête se propulsait en avant, un geste plein d'énergie noire, le mec absorbait l'onde de choc avant de vaciller, les mains au front, le nez en sang, tandis que Kamel accueillait la cohue des quais avec le soulagement de se fondre dans la masse. Aussi bien qu'un sucre se volatilise dans une tasse de café.

Soraya s'agenouille pour renouer son lacet. Elle remonte ses chaussettes. Le crépuscule dépose ses ombres, c'est comme de l'opprobre qu'on étale. Elle a repris sa course. Il la rattrape, en charlatan confondu, créature soumise et malsaine.

— Oh, je te demande rien. Tu n'as pas à te justifier. Je comprends que t'aies pas envie d'en parler.

Il voulait juste sauter par-dessus les barrières de son enclos. Toutes ces années qui sont passées en coup de vent et qui l'ont pris en traître. Les renoncements, les déceptions, les reports. Ou alors ce n'était que le besoin de souffler. Cesser de n'être que raisonnable.

— Dis-moi au moins ce que tu faisais dans la vie…

Hall d'une tour en métal réfléchissant. Cage d'ascenseur fusillée de lumière cinglante, visages surexposés dans les miroirs, parfums qui vous prennent à la gorge. Douzième étage. La corporation. Le plateau. Les postes de travail en damier. Les fenêtres panoramiques. Le tournis. Le vide qui aspire. La ville en bas, les trottoirs où s'écraser. La peur de tomber, l'envie de sauter.

— Moi ? J'étais analyste. Pour une filiale bancaire. Un genre de cabinet, si tu préfères. Mais orienté fiscalité.

Un métier dépourvu de sens, à la solde des actionnaires et des spéculateurs. D'en parler, c'est toujours comme s'il se justifiait de tremper dans une combine.

— J'évaluais la sécurité fiscale des produits. Dans le cadre d'opérations de marché. Ou de financements structurés. Je rendais des avis. Mais c'est pas si compliqué en fait...

Le blanc qui suit chaque fois ses explications. Il n'a jamais su décrire ce boulot, jamais assumé ce pour quoi on le paye, il se perd dans les détails inutiles, bafouille, personne ne comprend. Soraya ne fait pas exception à la règle. Elle fronce les sourcils, renonce à piger.

— Par produits, je suppose que tu veux pas parler de shampoing ou de confiture ?

Elle accélère la cadence. Le vent s'est levé sur le causse. Soraya déchaîne ses foulées. Il s'escrime à la suivre. Elle apparaît sous un jour menaçant. Ce qu'elle sait de lui. Son autorité, ses prérogatives. Il a sous-estimé sa capacité de nuisance. Elle contrôle tout. Du reste elle n'a pas choisi ce moment au hasard pour tout lui cracher au visage. La démonstration survient alors qu'elle a deviné pour Laure et lui. C'est ce qu'elle veut lui faire payer, par un effet de mesquinerie. Pour preuve, le fiel qu'elle prend plaisir à sécréter, sur son ton moralisateur de flic, drapée de censure et de légitimité.

— Est-ce que tu serais encore capable de soutenir leur regard ?

Il est dans son dos, il ne tiendrait qu'à lui de la forcer à se taire, toutes affaires cessantes. Le paysage est long et lent, impénétrable et désert. Au-dessus des bosquets, le ciel est bleu marine, d'un bleu trop chargé comme un sang impur.

L'Ortega jaune de Laure progresse sur les routes du causse, aspirateur rasant le bitume avec un bruit infime. Deux gabarits se découpent à travers le pare-brise sale. La boîte automatique change les rapports sans demander son reste. Wozniak a l'impression de conduire une auto-tamponneuse. D'un geste, il ordonne aux essuie-glaces d'éponger la poussière et les insectes collés.

Il est pire qu'un gosse, à se laisser entraîner par ses mauvaises fréquentations au lieu de plancher sur son avenir, trouver un moyen de se dépêtrer de la mouise. Il a perdu le cap. Il se contente de gesticuler à droite à gauche plutôt que de réfléchir à une échappatoire. En plus il ne sait pas trop s'il est tout seul ou s'ils sont deux à présent.

Soraya ne dira rien. Mais, en violant la chape de son secret, elle a prouvé qu'on peut remonter sa piste. Kamel se met à craindre les traces que ne manque jamais de laisser l'électronique, même s'il a utilisé le poste d'un collègue pour chercher le meublé, retenu les Catalpas du téléphone d'un autre.

— On a combien de bornes ?

— Je sais pas, trois heures.

— Et d'habitude vous livrez avec votre fourgon ? Il y a pas mieux que cette épave pour se faire repérer…

— Je t'ai pas dit ? C'est la première fois.

— Allons bon. Et le mec, c'est ton cousin au moins ?

— Plus ou moins. Mais je le connais.

C'est Kevin qui a déterminé l'itinéraire. Il égrène les directions au compte-gouttes, concentré, dans son blouson de cuir mince et râpé près du corps. Il entend diriger l'opération avec tout le sérieux requis, ne prendre aucun risque, en dépit de l'odeur qui emplit l'habitacle malgré les fenêtres ouvertes. Possible qu'ils aient choisi Wozniak pour jouer les gros bras. Mais à deux, ils ne feront pas le poids s'il devait y avoir conflit.

— Il restait de la place pour un copain derrière, en tassant un peu. Au cas où ça se présente mal…

— Attends, ça craint rien, ces mecs ont tout intérêt à chouchouter leurs fournisseurs, vu la qualité de notre herbe. On produit de la feuille haut de gamme, qu'on vend en circuit court. C'est pas du trafic international. C'est du commerce de proximité.

— Me dis pas que tu prends les chèques quand même ?

Wozniak ne le sent toujours pas. S'arrêter aux feux rouges, stationner la voiture, marcher sur les trottoirs, les flics à tous les coins de rue. Les caméras de surveillance partout, les milliers de gens dans l'espace public. S'il a consenti à les dépanner, c'est pour la bonne cause. Ces jeunes ont un projet solidaire, dans lequel ils s'impliquent à fond, alors que sur cette planète la plupart des gens errent sans but, ne pensant qu'à tirer profit des autres. Et puis ça représente un gros paquet d'argent.

Dans la beauté mourante de fin du jour, Kevin continue de fixer inlassablement la route. Il explique qu'ils ont testé un intrant de leur composition, à base de marc de café et de moût de raisin, censé favoriser l'élongation racinaire et lutter contre les pathogènes. Wozniak hésite à le croire, il se dit que l'autre doit le charrier, mais sans être sûr.

— Sinon, ça marche comment les relations entre vous ? Les filles, les gars. Je suis pas sûr d'avoir tout compris. Qui couche avec qui ?

— On s'est jamais encombrés de ça. Et toi, ta voisine ? Elle est sympa de te prêter sa voiture...

Oui, Kamel ne sait pas s'il est tout seul ou s'ils sont deux. Il repense à ce que Laure lui dit parfois. Ça ressemble à des mots d'amour. Mais ça pourrait aussi n'être que des paroles légères qu'elle lâcherait sous l'effet de l'herbe. Ou une euphorie passagère, il ne la connaît pas assez pour faire la différence. Il est surpris de la tournure que ça prend, surpris de la façon dont elle se dévoile à lui. À l'approche de Montpellier, il retire ses lunettes de pilote aux verres dorés. Le soleil tire très bas sur l'horizon. Il serre les poings autour du volant.

À son poignet, il sent la contention du bracelet de force que lui a offert L-A en fait de porte-chance.

Ce n'est pas la même femme qu'au début.

La crispation monte de plusieurs crans à mesure que la métropole s'annonce à eux. Collines stériles à l'urbanisation rampante. Lacets enchevêtrés de voies rapides et d'échangeurs. Nuage de pollution planant au-dessus des blocs. On dirait que c'est Los Angeles qui s'ouvre devant lui. Les avenues ressemblent à des saignées taillées vers le cœur en fusion de la cité. Barres d'immeubles en périphérie comme des fortifications. Il aime la ville quand elle est comme ça.

Il se demande si Laure a baissé la garde, ou si elle a tendu ses filets.

Sur la voie express, les étincelles de Montpellier s'estompent dans l'horizon inversé du rétroviseur. Dans le coffre, le sac de sport semble irradier d'une chaleur brûlante. Wozniak dirige son volant avec une économie de mouvements, absorbant les droites et les courbes. Ses trajectoires sont des épures parfaites sur la départementale. Il est persuadé de foncer alors qu'il est à peine à cent. Quand on roule dans la nuit, on se croit toujours un peu dans une aventure.

— Accélère, on va pas y passer la nuit.

Leur mission va s'achever par un succès. Ce n'était pas si atroce. Il s'en est sorti. Le plus compliqué a été de tourner un quart d'heure dans la zone pavillonnaire, avec les allées qui portaient toutes des noms de fleurs. C'est terrible ça, c'est redoutable.

La radio est allumée sans que le son soit assez fort pour assimiler les dialogues. Le parfum nocturne se faufile par les interstices en haut des vitres. Après les premiers kilomètres faciles, la route commence à sinuer. Ils n'ont pas croisé la moindre voiture de police, pas le moindre gyrophare. Ainsi qu'à l'aller, ils ont choisi d'emprunter les itinéraires discrets, tout en revirements. Wozniak conduit prudemment. Il ne tient pas à verser dans le fossé avec un sac plein de billets de banque à portée de main. Ça s'est déjà vu, dans *Le Salaire de la peur*. Il n'est pas fatigué. Kevin à côté ne bouge plus. Il a incliné le dossier de son siège, les pieds sur le tableau de bord. Il porte ses chaussures de sécurité increvables, aussi aptes à la marche en montagne qu'à patauger dans une étable. On dirait qu'il dort. D'ailleurs il dort, la bouche ouverte. Il bave. Une heure passe, puis deux. Cependant ils approchent du causse. Finalement ça lui a plu de jouer au voyou, ça lui rappelle son adolescence. Parmi les souvenirs d'alors, ils ne sont pas tous à jeter. Ils étaient deux ou trois dizaines de vauriens, des types comme lui, pour qui l'avenir n'avait pas de signification. À former un clan, ils se sentaient appartenir à une nation. Ils se tatouaient des têtes de pitbull en signe de reconnaissance. C'est très loin tout ça. Combien en reste-t-il, parmi eux ? Que sont-ils devenus ? Il ne veut pas le savoir.

Il change de fréquence et la musique déploie ses tentacules, méduse jaillie du poste, envahissant l'habitacle. Wozniak est dans un clip en noir et blanc, héros de sa vie, avec la campagne engloutie qui défile comme un décor fugitif plaqué sur le bord des routes. L'éclair des phares tire du néant les paysages mélancoliques. Cols dénudés, lieux-dits à l'abandon. Qu'est-ce qui l'empêcherait de se barrer avec la voiture et le pognon ? C'est une option, il en a la possibilité. Ça le frappe comme une évidence inattendue, et pourtant n'est-ce pas dans cette arrière-pensée qu'il a accepté le voyage ? Ou alors c'est sa station intérieure qui est revenue le mettre au défi de tout casser. Qu'est-ce qui le retient ? L'honneur, la loyauté. L'amitié, l'amour. Les sentiments ne pèsent pas lourd lorsqu'on est une bête traquée. Il suffirait qu'ils s'arrêtent pisser. Repartir sans Kevin. Après tout, il ne doit rien à personne. Avant midi, il aurait franchi une frontière, l'Espagne ou l'Italie. Il serait vite hors de portée. Oublié ce morceau de pays où on l'a démasqué. Il joue avec ce programme, tandis que la nuit replie son châle noir, cédant la place à la pénombre qui précède un autre jour. Avec ce qu'il y a dans le sac, on peut se payer les meilleurs papiers. Il resterait beaucoup d'argent. De quoi financer un début d'avenir. Il aime que se présente à lui ce type de décisions, qui fait qu'on choisit entre deux opportunités, qu'on préfère une péripétie à une autre. Il n'a qu'à se garer sur l'accotement, repartir seul, tout plaquer derrière lui. Ne jamais y repenser.

Le soleil n'a pas encore léché les pelouses lorsqu'il retrouve Laure chez elle, debout à peine, en train de mordre dans une pêche. Elle sourit, l'embrasse comme si elle cherchait à visser sa bouche dans la sienne. Les pyjamas l'ont toujours refroidi, pas celui de Laure. Il la caresse, dans les effets euphorisants de la nuit blanche. Ses mains vont sur son corps, aux meilleurs endroits, et tous les gestes touchent leur cible, même les yeux fermés. C'est un de ces matins radieux où vivre est une impatience, où tout sonne juste et fort. Son corps à lui est une machine de haute précision, il s'est débarrassé des kilos que la vie domestique ne lui permettait plus d'éliminer. Laure est appuyée sur la table, pliée en deux, le pyjama aux chevilles, Wozniak derrière elle. C'est son cerveau qui dirige l'opération. Tout se passe dans sa tête. Il a l'impression de se baigner, c'est comme s'il nageait dans quelque chose de chaud et mouvant. Bientôt le cri de Laure emplit le salon, elle qui jusque-là s'était montrée plutôt introspective pendant l'amour.

Deux heures avant, il n'excluait pas de s'enfuir seul avec l'Ortega et le sac de sport. Ils sont rentrés tard, le soleil n'allait pas tarder à pointer, Wozniak a préféré terminer la nuit sans dormir, solitaire sous les tranchoirs du ventilateur, à laisser s'élever la transe. Il y pensait déjà, en conduisant dans la nuit, à cette remarque de L-A, comme quoi des touristes paieraient volontiers contre une expérience dans une ferme. Il se surprenait à songer que ça lui plairait, à lui aussi. Labourer quelque chose. Transformer les matières. Voir éclore les trucs. Des tâches manuelles et intelligentes, cérébrales et physiques, dont on mesure l'utilité. C'était peut-être là son destin de rechange, l'exode idéal qu'il cherche en vain. Et pour finir de le convaincre, il y a cette filière qu'ils ont montée afin de se refinancer en cas de crise.

À la première heure, il s'est levé, dans les habits de la veille. Sans perdre le temps d'un café, il a filé au marché pour quelques courses avant que les vacanciers fondent sur les étals. Kevin était déjà en piste, fidèle au poste, avec les parents. Il venait de palper trois ou quatre salaires annuels, en coupures bien tassées dans un sac, mais ça ne l'empêchait pas de débarder des cageots de tomates à l'aurore, à l'issue d'une longue excursion. Vaillant le gars. Cela étant, il a pioncé tout le trajet retour.

Avec Luc-Alban, ils se sont éclipsés pour boire un petit blanc dans un bistrot du quartier pour fêter ça. Kevin et L-A se composaient des mines ténébreuses, celles des coriaces pour qui tout est banal. D'une pichenette,

Kevin se distrayait en envoyant toupiller une pièce de monnaie dans le bruit interminable du métal qui n'en finit pas de s'immobiliser. Puis il a faufilé une enveloppe entre les verres, avec tout le protocole du narcotrafic.

— Tiens, hermano, c'est ta part.

Et dans ce bar surpeuplé qui sentait le marc et la bière, où il y avait même un flipper préhistorique et une voiture de rallye peinte sur la vitrine, Wozniak a songé que c'était leur première faute de goût. Il a repoussé l'enveloppe, contrarié que ses camarades fassent naître ça entre eux, la valeur marchande. Qu'ils aient conçu cette idée, débattu d'un montant de rémunération, un pourcentage. Il n'a rien dit, il s'est levé, il est parti.

Trois jours plus tard, ils sont dans la voiture de Laure. L'endroit se trouve à six ou sept kilomètres en suivant les routes délaissées du causse. Des routes au bord desquelles on croise des carcasses de tracteurs à rouiller dans les champs ou des baignoires pleines d'eau croupie. À l'arrière, Florian, poignet plâtré, keffieh sur les épaules, et Kevin, en blouson de peau. Devant, Prune, la vétérinaire du groupe. Sur une indication de sa part, Wozniak bifurque dans un long chemin qui traverse la prairie.

— Et toi, c'est quoi ton rôle là-dedans, en tant que véto ?

— On aura peut-être besoin d'une activité lucrative à certains moments... Sinon, je donnerai un coup de main, je m'occuperai des chevaux. Enfin, il faut encore que j'aille au bout des études...

— Parce que vous voulez des chevaux ! Merde, vous allez jouer aux cow-boys en plus du reste ?

— Pourquoi pas... Mais c'est surtout pour la traction et le fumier.

Un petit pont sur une rivière et le chemin se met à remonter à travers bois. Kevin renifle, affalé en pacha sur la banquette, torse nu sous son blouson élimé.

— Vu notre superficie, pour amender les sols, il faut compter sept à neuf chevaux, à moyen terme.

Le paysage se dégage sur la ferme, forteresse de pierres nichée au milieu des champs. Des arbres en sentinelle sur les hauteurs. Un ruisseau qui descend jusqu'à la rivière en contrebas, qu'on devine à son linéaire de végétation prolixe. À mi-pente, il y a cinq ou six maisonnettes qui bravent les années sous leur manteau de ronces, et dont Florian est censé retaper les toitures.

Les portières claquent dans la campagne. Il y a beaucoup de lumière dans le ciel.

— On a tout ce qu'il faut ici. Du foncier, de l'eau, des baraques, du courant. Ça fait bien dix ans que le dernier paysan est mort. La terre doit être propre maintenant.

C'est Kevin qui dit ça, d'un air grave, vautré sur le capot de l'Ortega.

— T'as vu ? On a déjà mis des ruches là-bas.

Un vent chaud rase le plateau. Wozniak rugit en silence.

— Combien ça vous coûte, un endroit pareil ?

— Hé l'autre, on va pas l'acheter ! Il est malade lui. On se contente de le prendre. Une fois qu'on l'aura retapé et qu'on sera dans la place, je vois pas comment on pourrait nous déloger. Des jeunes paysans qui demandent qu'à bosser. T'imagines le scandale que ça serait d'essayer de nous foutre dehors ? Des gens rappliqueraient de tout le pays pour défendre la zone avec nous !

Prune et Florian consomment une telle évidence d'un regard entendu, un sourire désabusé aux lèvres. Kevin s'essuie le nez du dos de la main.

— Le lieu-dit s'appelle Brugàs. Ça veut dire « champ de bruyère ». Et bientôt ça va grouiller comme dans une ruche. Il y a un travail monstre pour lancer la machine. Mais on y croit. C'est de ça qu'on veut vivre. Produire de la nourriture. Ça va devenir un vrai village ici. Dans les trois ans, il faudrait qu'on soit une quinzaine d'actifs à vivre sur le site.

Florian se tourne vers Wozniak, le pied calé sur un pneu.

— Si ça te tente, il y a du boulot pour toi. Si t'es dispo, si t'as envie. Tu seras peinard ici. Personne ne viendra t'emmerder. Dans la région, on aime les bandits.

Kamel sent leurs trois paires d'yeux qui guettent ses réactions. Qu'est-ce qu'ils ont compris de lui ? Il ne leur a rien dit de son histoire. Ils n'ont jamais posé de questions, il n'a jamais eu à les baratiner sur son passé.

Pourtant ils ont vu juste, et on dirait qu'ils n'ignorent rien.

Sans attendre de réponse, Kevin détaille les zones de plantation. Son bras tendu se déplace comme un aiguillon pour indiquer l'emplacement des différentes cultures, en expliquant les interactions recherchées. C'est beau, sa façon de raconter, les techniques, les arguments ; dans sa bouche, ça paraît logique. Wozniak écoute sans tenter de comprendre. Son cerveau flotte dans une autre strate. Il pourrait rester ici, s'installer avec eux. Une vie forte. Une vie de pionnier, robuste et saine. Gagner de l'argent ne serait plus la seule motivation.

— Tout ça, on l'a pensé de façon perma. Enfin, on va tester. Pas sûr que tout fonctionne comme prévu. C'est sûr qu'on fera des erreurs...

Ça le touche, leur invitation. Un projet collectif et aventureux. C'est puissant comme vision. Quelque chose d'intense, qui donne envie de se lever le matin. Ça ne l'effraye pas d'apprendre. Kevin prétend souvent que c'est davantage un mode de vie qu'un métier. Un mode de vie, c'est peut-être justement ce que Kamel cherche depuis des années.

Il termine sa salade dans la cuisine de Laure, un assortiment des denrées qui lui sont tombées sous la main. Il se sent bien chez elle. Laure lui laisse de l'espace. Il sait où sont les choses, comme après les premiers jours dans une maison de vacances. S'il rentrait à l'improviste, Delmas serait surpris de le trouver si bien acclimaté. Au point qu'il a déjà visité la cave, où Victor a le bon goût d'entreposer quelques bouteilles de secours.

Il se sert un verre de vin et met le couvert dehors. Laure jardine à la lisière de la propriété, à genoux, penchée sur un massif. Il y a du silence. Tout est posé, serein. Si l'on en croit ce qui est écrit sur l'étiquette, le vin possède une robe cuivrée avec des reflets violines, des notes de vanille fondue. Wozniak feuillette un magazine de jardinage sans réelle attention. Ils n'ont pas discuté de ce qui leur arrive, pas évoqué le futur, parfois le sujet se dessine en filigrane mais ils se taisent avant de se divulguer. Dans la pénombre, il la voit traverser le terrain avec sa brouette, elle expédie un tas de branches derrière la cabane à outils, et lorsqu'elle remonte, le soleil n'est plus qu'au minimum, un rayon de moins et c'est la nuit.

— Est-ce que je peux prendre une douche avant de manger ?

Il acquiesce et bénéficie d'un baiser gratis. Rien ne presse, ils ont tout le temps. En attendant, il s'envoie une olive ou un cube de tome, un cerneau de noix, piqués au hasard dans le saladier. C'est curieux entre eux. L'autre fois, ils étaient à la rivière, elle a eu ce commentaire insondable, entre deux brasses.

— J'ai envie d'y croire encore. N'être personne, rencontrer des gens nouveaux. Ici je me suis enterrée, c'est un suicide mental.

Ce n'était pas comme si elle parlait toute seule, mais presque. Wozniak n'était pas sûr de comprendre le message. Il a du mal à capter les allusions, les demi-mots. Dans le doute, il a placé son projet d'émigrer en Tasmanie. Ce n'était pas présenté ouvertement comme une invitation, mais la réponse de Laure a sonné comme une fin de non-recevoir.

— Alors là, tu me feras jamais prendre l'avion jusque là-bas…

C'est le ton surtout qui l'a douché, définitif et railleur, qui signifiait qu'elle ne ferait pas l'effort de le suivre au bout du monde. Ou alors il s'agissait d'une réaction de défense. Mais il entend Laure dévaler l'escalier, la voici prestement, les cheveux entortillés en chignon sommaire.

Plus tard, ils se boivent une tisane enchantée, boisson souveraine pour les soirées d'été en amoureux. Laure a cueilli des figues dans l'entrelacs des arbustes près de la verrière. Elle a étendu ses jambes sur celles de Kamel. Elle le regarde en s'étirant les mâchoires, imitant cette convulsion dont Wozniak est coutumier.

— Je rigole. C'est pour me moquer... C'est quoi ce tic ?

— Je sais pas. Je fais ça d'instinct, pour me protéger.

Ça ressemble à l'expression d'un comportement animal tapi en lui, une bête pour qui la peur est un réflexe de survie. Ce n'est pas nouveau. C'est depuis toujours.

— De qui ? Te protéger de qui ?

— Des gens qui me font peur.

Hantise de nouer un dialogue, de se confronter, d'avoir à se révéler ou d'être jugé. Il n'y a que pour se battre qu'il n'a jamais vraiment eu peur, parce qu'alors toute sa personne est verrouillée comme une armure. Et puis il connaît les règles.

— Toi, t'as peur des gens ? Ce mec a peur des gens !

Pour tout éclairage, ils n'ont que la puissance d'une mini-guirlande suspendue dans un arbuste, une lumière qu'on dirait calculée pour se découvrir. Depuis un moment, il s'amuse à lui tartiner le genou avec une figue éclatée, la face interne des cuisses.

— Et toi, ta main, qu'est-ce qui s'est passé ? Raconte-moi.

— J'ai fait de la menuiserie l'année dernière. J'avais récupéré un banc de scie pour couper du lambris, une vieille machine qui ne pardonne pas les faux mouvements…

Elle montre la cavité qu'elle a sous l'œil, ce qu'il prenait jusque-là pour une cicatrice de varicelle.

— Ça m'a aussi valu de me choper un éclat juste ici. J'ai eu du bol, j'aurais pu perdre un œil en prime.

Maintenant ils sont dans le salon, allongés sur le canapé gigantesque au poil ras. Kamel s'est chargé de nettoyer les cuisses de Laure à sa façon. Elle dit qu'elle a eu de la chance, qu'elle n'en revient pas de la chance qu'elle a eue de tomber sur lui.

— Mon intuition m'incite à croire qu'on peut compter sur toi. Qu'on peut te parler carrément, même de trucs un peu limites… Qu'on peut avoir confiance en toi, que tu es droit.

S'il la laisse raconter ça sans la détromper, alors il ne pourra plus jamais lui dire la vérité.

— J'ai peur de ne pas être celui que tu penses…

Le piège à éviter dans cette configuration c'est qu'il taise trop longtemps son secret à Laure. Et qu'au moment où il se résoudra à lui parler, elle se sente trahie, elle hurle au scandale, elle prononce des exclamations comme : « Tu me dégoûtes ! Et moi, pauvre conne, qui te prenais pour un mec régulier ! »

— Qu'est-ce que t'as fait ? T'es un gangster, t'as braqué une banque ? T'es un truand ? T'as tué quelqu'un ?

Non de la tête.

— Pire que ça. T'imagines même pas.

— T'es un espion ? Je t'oblige pas. Si t'as pas envie de parler.

Il n'a jamais prévu de s'exprimer là-dessus. Ce n'est pas des agissements qu'on révèle de gaieté de cœur. D'autant qu'il n'y a rien à expliquer. C'est une sorte de maladie orpheline.

— Je suis un transfuge. Un imposteur.

— Allons bon… On est tous des imposteurs.

— Non. T'es gentille. Mais là, non.

Il lui manipule une omoplate sous la pression du pouce. Ce qu'il n'a jamais raconté à personne, ce qu'il n'a jamais formulé, il s'apprête à l'énoncer avec sa bouche, autoriser les syllabes à franchir le barrage de ses lèvres. Finalement, peut-être qu'il a envie de parler. Ça tombe sur Laure. Elle pourrait comprendre. C'est le moment ou jamais. Il s'astreint à ne pas anticiper sur l'effet que ses aveux vont produire sur elle.

Après une longue suspension, il se lance. Chaque mot est un sac de plâtre qui se fracasse en heurtant le sol.

— J'ai abandonné ma femme et mes enfants.

De prononcer la phrase, c'est encore pire que l'acte.

— Merde… Pas très classe de ta part…

L'ironie de Laure à cet instant-là, sa dérision.

— Tu comprends ? J'ai tout plaqué sans prévenir. J'ai disparu.

— J'avais saisi. Enfin, autant que possible.

Au moins la pénombre le dispense d'avoir à offrir un visage.

— Ils doivent penser que je suis mort.

Laure est immobile. Seules ses paupières battent, la lumière nocturne joue sur ses yeux par intervalles. Sa masse corporelle continue d'exercer sa gravité sur Wozniak, sous son T-shirt blanc qui brille dans l'obscurité. Il ne bouge pas non plus, son bras s'engourdit lentement. Il aimerait remuer, mais une force d'inertie l'en empêche : la volonté de ne pas se faire remarquer davantage.

— De quoi tu voulais t'échapper ?

— De moi, aussi pompeux que ça paraisse. De tout. C'est un tout. Le quotidien qui te ronge. C'était pas ma vie. J'avais pas choisi cette vie. Ou peut-être que je suis incapable d'aimer.

— C'est beau ce que tu dis…

Il ne regrette pas d'avoir parlé. D'avoir partagé cette chose plus grande que lui. Même si Laure ne sait que répliquer par du persiflage, même si le fossé se creuse entre eux. En ayant tout déballé, il n'a pas le sentiment de trahir les siens une seconde fois, de souiller leurs personnes.

— Tu peux constater que je suis pas tout à fait à la hauteur de ce que tu imaginais. Tu dois me prendre pour un lâche.

— Non. Pas spécialement…

Il a du mal avec son regard. Il se raccroche à la tache sombre sur sa pommette, l'alvéole occasionnée par l'éclat de bois.

— La lâcheté, ça vient de l'extérieur. C'est ce que les gens disent…

Ses dents, phosphorescentes. La forme que dessine sa poitrine en déséquilibre, nue sous son linge de corps.

— Je sais pas, il faut beaucoup de courage pour avoir la lâcheté de faire ce que t'as fait. Beaucoup de lucidité. Alors que moi je suis même pas capable de divorcer de ce connard qui me pourrit la vie.

Dans la nuit propice aux révélations, Wozniak a tout dit à Laure. Débarrassé du souci de convaincre, pesant le vocabulaire pour délivrer de la vraie parole, celle qui dit quelque chose. Il a tout raconté, un peu dans le désordre, comme on repeint un mur en croisant les passages de rouleau. Le trop-plein. Le processus de délitement. La combustion interne. Le sentiment de s'être trompé de route. Ce qu'on attendait de lui : être un cadre supérieur, être un chef de famille. L'incapacité à se réaliser et la peur de vieillir. La détresse. La station lointaine et brouillée qui lui disait de s'enfuir, de tout envoyer aux orties. Le fantasme de l'évasion. Les heures d'insomnie à côté de sa femme endormie. Il creusait un tunnel, vermine infiltrée dans un fruit dont il rongeait la chair en secret. Les nuits à feindre le sommeil dans le lit conjugal, à établir mentalement le déroulé de sa fuite. Mille fois rejouer l'enchaînement du plan. Mille fois évaluer les détails, prévoir les obstacles. C'était comme la reconstitution avant l'heure d'un crime qu'on ne commettra pas, mais dont l'exercice avait des vertus salvatrices. Il ne fallait pas nécessairement croire à l'exécution du projet, seule importait la possibilité de déclencher la disparition un jour. Il ne fallait pas nécessairement y croire, mais néanmoins il s'était mis à économiser des petites sommes en liquide, billets de vingt ou dix accumulés dans une boîte à outils. Il a tout raconté, jusqu'au dernier segment : fermer la porte de l'immeuble un matin, suivre le chemin habituel, marcher sur les trottoirs comme si de rien n'était, bifurquer, jeter sa veste dans une poubelle, ne conserver que l'argent liquide et le billet de train.

De tout l'exposé, Laure n'a pas ouvert la bouche. Elle a encaissé la vraie version de sa vie sans formuler la moindre remarque. Wozniak lui sait gré de ne pas l'avoir interrompu, d'avoir attendu que la narration vienne combler d'elle-même ses interrogations. Maintenant il a terminé. Et de s'être livré aux aveux, c'est comme d'avoir vomi une substance qu'il s'efforçait de retenir. Ses yeux suintent comme des crachats visqueux sur un carrelage. Le puits de sa mémoire fait clapoter des souvenirs enfouis. Plusieurs minutes muettes s'écoulent, cinq, dix. Mais ce n'est plus à Wozniak de parler, il donne à Laure le temps d'absorber les informations, de mettre à jour la perception qu'elle a de lui. Elle se tourne vers Kamel, le coude planté dans un coussin, la tête calée dans la paume. La brume s'élève au-dessus de la rivière comme en préparation d'un phénomène surnaturel. Enfin, elle lâche une question.

— Et pourquoi tu n'as pas laissé un mot faisant croire à un suicide ?

— Non, c'était pas ça l'idée. Je sais pas, ça n'aurait rien apporté de plus...

Il a fourni le même genre de réponse à Soraya lorsqu'elle s'est étonnée qu'il n'ait pas simplement divorcé. D'après elle, ça ne l'aurait nullement empêché de se faire la malle au bout du monde. Mais Soraya n'avait rien pigé : elle traquait le rationnel dans ce qu'elle prenait pour une vulgaire fugue, oubliant que la conduite de Wozniak n'était dictée que par l'urgence vitale.

— Ta femme. Bénédicte, c'est ça ? Elle te trompait ?

— Non, pas que je sache.

Il doit faire un effort pour la visualiser. Grande blonde, citadine et décontractée. Si Laure demande ça, c'est qu'elle n'a pas pigé non plus. Car là n'était pas le problème. D'un geste nerveux, il se gratte le cou, desserrant le col d'une chemise fictive.

— Excuse-moi, j'ai plus envie de parler d'elle. J'aime autant la garder en dehors de ça.

Il s'aperçoit que l'effet de l'infusion s'est dissipé. Il a froid, mal à la tête. Il a soif. Il tremble à l'intérieur, d'une fébrilité pâteuse.

— Je vais pas chercher à t'expliquer ce que j'arrive pas moi-même à m'expliquer...

Kamel se sent vide, comme une grosse armoire béante. Fatigué. Merdeux.

— OK. T'inquiète, je vais pas te demander dans quelle classe sont tes mômes.

À travers les fenêtres coulissantes, la brume flotte au-dessus du jardin en s'approchant de la terrasse. Laure n'a pas dit ce qu'elle en pense. Mais elle ne s'est pas non plus sauvée en courant. Elle reste près de lui. Le silence réfléchit les sons infimes de la maison. Le plafond qui craque. Le frigo qui bourdonne. Et puis un baiser au bruit de mastication. Elle embrasse Kamel par en dessous, comme quelqu'un qui broute des feuilles. Tandis qu'à six ou huit cents kilomètres dorment sa femme et ses deux fils.

— Et pourquoi la Tasmanie, au fait ?

— Je sais pas, je cherchais surtout un endroit éloigné, on n'en entend jamais parler. Mais ça aurait pu être le Costaragua ou le Mozambique…

— Et pour y faire quoi ?

— N'importe. La plonge dans un resto, videur dans des boîtes… Vigile, pompiste… Repartir de rien.

Dehors, le soleil est à son thermostat maximal. Ils sont dans la cuisine sous-exposée, les rayons cassés par les lames du store ajouré au minimum. Laure hache du basilic. L'agilité de ses neuf doigts à virevolter au-dessus du plan de travail.

— C'était quoi ton métier, exactement ? J'ai pas bien compris.

Il aurait préféré qu'elle ne lui demande jamais. Tout comme elle ne lui a pas demandé ce qu'il a fichu avec sa voiture l'autre nuit. De la même manière qu'elle n'a pas porté de jugement sur sa désertion, pas cherché non plus à minimiser la gravité de ses actes.

— Quoi ! Du genre costard-cravate ? Mais c'est horrriiiiible. Comment j'ai pu me laisser toucher par un type pareil ?

Elle joue à merveille son expression dégoûtée.

— Enfin, t'as eu le bon goût de venir te planquer à côté de chez moi, ça pardonne le reste…

Elle débite un concombre. Il aime la façon négligée dont sa chemise est rentrée dans le jean de toile.

— Je te prenais pour un baroudeur, trafiquant sur les bords.

— Si ça peut te rassurer, j'ai un casier. Une bagarre qui a mal tourné.

— Une bagarre ? Tu te battais ?

— Là où j'habitais quand j'étais gamin, ça faisait partie des loisirs ordinaires. C'était pas cher.

Il raconte à Laure que c'est en prison qu'il a appris à lire des livres. Avant ça, il n'avait pas le souvenir d'en avoir jamais ouvert un seul. Et d'un coup, il ingurgitait méthodiquement la bibliothèque, tout, n'importe quoi, ce qui lui tombait sous la main. Il n'y avait rien de mieux à faire. Ou c'était peut-être d'avoir frôlé le pire. Le mec avait balancé un moment dans la mort cérébrale, s'il n'était pas revenu sur terre Wozniak partait pour quinze ans. Ça le surprenait d'être capable de comprendre, de se découvrir un potentiel. Il n'était plus cet éternel mauvais élève. Parfois, il écrivait des poèmes, sans jamais les montrer à personne. Dans cet élan, il avait pris des cours par correspondance, bûché avec l'ardeur de vaincre, se nourrissant de l'adversité. Assez pour qu'une école de commerce se penche sur son dossier.

Il pense au manuscrit de Villersexel qui prend la poussière sur un buffet. Tiens, il devrait relater sa vie au tamanoir, une nuit, devant une bonne bouteille. Ça lui ferait un sujet de bouquin. Comment les deux dernières années il n'a pas pris de vacances, prétextant qu'il avait trop de travail. Il préférait ne pas décrocher car revenir était un supplice, plus difficile à endurer que lorsqu'on affronte le quotidien au jour le jour, qu'on le serre de près comme une routine insalubre. Le climat vénal qui lui foutait la boule au ventre. Il se la bouclait, renvoyant de lui une image satisfaite pour laisser croire que tout allait bien. Il s'accrochait alors que tout lui disait d'arrêter. Il avait besoin de la rémunération de ce métier toxique. À maintes reprises, il a pensé se reconvertir. Des activités utiles ; déménageur, électricien, infirmier. Mais il aurait gagné trois fois moins, c'est-à-dire pas assez. Là était le piège, la plupart des boulots nécessaires sont les moins payés. Le soir finissait par le libérer, sonné d'avoir survécu une journée de plus. Il se croyait dans une cage, un clapier dont la porte n'est pas fermée mais dont on n'ose pas détaler. Le comble, c'est qu'il aurait pu continuer comme ça jusqu'au bout. Des tas de gens y arrivent, refusant de concéder le moindre changement malgré le mal-être. Ils s'accoutument à la fiction qu'on a construite pour eux. Certains finissent par aimer leur fardeau. Wozniak se serait résigné lui aussi. Il aurait fini par se résoudre. Le divertissement bas de gamme, l'alcool, ça n'a pas d'autres fonctions. Le sucre et le gras. Céder aux plaisirs faciles qui apaisent les impulsions, qui assoupissent la tête et consolent le corps. L'espoir réduit aux grilles de loto. Ce ne devait pas être si compliqué puisque les autres y parvenaient. Et puis la renonciation serait venue doucement, sans douleur insurmontable, avec l'âge, la fatigue et l'embonpoint.

En réalité, il a cru pouvoir changer de direction in extremis. Il lui restait trop longtemps à vivre pour considérer que tout était foutu et ne pas tenter le pari de renaître. Il subsistait une fenêtre de tir, une porte dérobée par laquelle se faufiler. Et même si on se trompe, même si c'est désespéré, au moins saisir l'opportunité.

Alors il s'est mis à percer des galeries avec l'idée d'un bon de sortie. Il s'est mis à consulter les horaires de train.

Le pire de tout, l'inqualifiable, c'est ce qu'il éprouvait dans son lit, au fil des insomnies de gestation : derrière le déchirement d'abandonner les siens, il y avait la satisfaction morbide à l'idée de semer la panique, la jouissance insalubre de leur manquer, de les jeter dans le désarroi. Il s'en badigeonnait le cerveau comme d'un cataplasme qui avait les propriétés concomitantes de calmer et d'exciter sa rage.

Il sait d'où ça vient, sans pouvoir se l'expliquer, ou bien ça ne revêt pas les mêmes mots selon les jours. Les fissures les plus sournoises sont celles dont on ne peut pas tout à fait démêler la logique. C'était comme s'il voulait leur faire payer à eux. La frustration et les déconvenues, les humiliations. Il est de la lignée de ceux qui battent leurs mômes, agressent leur femme. Piégés par leur vie, ils ont le réflexe de cracher du venin sur leur entourage. Pour venger leur médiocrité, l'amour-propre bafoué. Pour l'assouvissement mauvais qu'on en tire, le lâcher-prise. Dans son genre particulier, il appartient à cette espèce dont le ressort est de tout démolir. Dans une autre variante, il y a les types qui assassinent leur famille et qui s'éclipsent. Ça existe.

Wozniak n'a ni tué ni battu personne. Il s'est absenté. Il n'a même pas emporté une photo. Il sait qu'il ne rentrera jamais chez lui.

C'est lui l'ingénu qui s'est bâfré un gâteau d'anniversaire tout seul, quelques jours après sa débandade.

Pourtant il les aime encore. Il se sent plus proche d'eux maintenant qu'ils sont séparés. Il apprend à vivre avec le manque, à l'accueillir en toutes circonstances. Il apprend à canaliser leur absence, c'est un paramètre, comme d'autres doivent s'accommoder d'un deuil ou d'un handicap. Parfois il ouvre une trappe. Laisser filtrer la souffrance, se torturer de leur souvenir. Il essaye de transformer la tristesse en simple nostalgie, qui aurait la vertu d'une consolation mélancolique, comme lorsqu'on pense à sa propre enfance. C'est ça, il aimerait que son ancienne vie lui paraisse lointaine, y songer comme à une génération en noir et blanc, dont on n'a pas été le contemporain. Une civilisation révolue dont on aurait perdu l'exacte mémoire.

À présent, Laure cisèle des tomates sans cesser de jacasser. Le cerveau de Wozniak est de retour dans la cuisine, mais il peine à revenir dans la partie. Elle redresse la tête pour écarter du dos de la main une mèche de cheveux récalcitrante.

— Ça m'intéressait pas beaucoup. Ce n'était pas le sens que je voulais donner à ma vie. J'avais pas besoin de ça pour m'épanouir. Je voulais vivre pour moi, disposer de mes journées à ma guise, peindre autant que j'en avais envie.

Il effleure les cactus sur le comptoir, glaives piquants, stalagmites velues.

— Dans notre entourage, il y avait toujours un con ou une donneuse de leçons pour me dire que je changerais d'avis en vieillissant. Il y aura toujours des gens comme ça, c'est une race immortelle. Victor n'en voulait pas non plus, il faut au moins lui reconnaître ça. Je tolérais mal la pilule. J'ai essayé toutes les contraceptions possibles avant de me décider pour la chirurgie.

Depuis que Wozniak a partagé le secret de sa fuite, c'est un peu de son blindage qui s'écaille. Ce matin dans la verrière, il se sentait nu sous le regard de Laure. En dépit de l'accoutrement, il apparaissait dans la vérité de sa personne, sincère avec lui-même.

Elles ne sont que deux à connaître son secret. C'est leur point commun, en dépit de leurs personnalités divergentes, indépendamment du fait que six mois plus tôt elles étaient amantes.

— Et avec Soraya, comment c'est arrivé ?

— Je sais pas trop. On s'était croisées en ville. On a fini par se parler. Et puis elle est venue sonner chez moi un soir. Elle n'est repartie que le lendemain. On s'est revues quatre ou cinq fois.

Ça se produisait ici, sur la table de la cuisine, dans le bureau de Victor, en haut dans la salle de bains, dixit la gendarme.

— Elle m'a prise au dépourvu. Mais c'était quelque chose d'excitant. Quelque chose d'agréable et imprévu. J'avais jamais fait ça avant. Je veux dire, pas simplement avec une fille, mais sur un coup de tête. À force, j'en ai eu marre. Elle est gentille mais je la trouvais trop collante.

Ce n'est qu'en fin d'après-midi que Laure lui raconte sa stratégie pour l'avenir. Ce qu'elle a en tête pour leur vie à tous les deux. Ils sont allés à la rivière. Étendus sur les roches plates, ils ne font rien que se dorer au soleil. Un long moment s'échappe, silencieux ou presque, au cours duquel Laure paraît s'enfoncer dans les racines de ses pensées, à lancer des pierres dans l'eau d'un geste lourd d'humeur. À plusieurs reprises, Wozniak sent qu'elle est sur le point de lui adresser la parole. Il n'aime pas ça, sans savoir pour autant de quoi il s'agit.

Lorsqu'ils remontent au jardin, elle marche un pas devant, visage fermé. Elle se retourne vers lui brusquement :

— Tu sais pourquoi il m'a acheté une automatique ? Tu sais pourquoi ? Parce que d'après lui je passais mal les vitesses, j'avais tendance à bousiller la boîte d'embrayage. C'est dégueulasse. Il n'y a rien de plus humiliant. Ça et de l'entendre se moquer sans arrêt de mes peintures, du haut de sa putain de culture légitime.

Laure le conduit par la main, ils traversent la maison tout droit jusqu'au repaire de Victor. La bibliothèque en acajou court sur un pan de mur entier. Derrière les vitres fumées, la collection de soldats de plomb. C'est là que Delmas doit faire mumuse avec son arsenal, couché sur le parquet. Envahir des pays. Se prendre pour un empereur. Mettre l'Europe à feu et à sang. Laure farfouille dans les tiroirs du bureau, elle brandit des feuillets. Des relevés de banque. En bas des pages, des brochettes à cinq chiffres. Mis bout à bout, on peut rajouter un zéro.

— Avec ça, on peut s'installer loin d'ici. L'avion, je te promets rien. C'est plus fort que moi, c'est une espèce de phobie. Cela dit, on peut rouler longtemps, je crains pas les kilomètres.

Il a deviné le reste. Mais les informations n'ont pas encore imbibé son cerveau.

— Ça te dirait de t'appeler Victor Delmas ?

Les doigts de Laure parodient un flingue imaginaire, dont elle pose le canon sur la tempe de Wozniak. Un bruit de déglutition percute à sec, quelque part entre les oreilles de Kamel. La suite, elle la prononce avec une intonation détachée, mais qui comporte un versant sinistre.

— Écoute-moi. On le bute et on part tous les deux.

Soraya est revenue le chercher. Sa frange est comme un vilain peigne posé sur son front. Ils courent, pour changer. Il ne l'a pas vue depuis plusieurs jours, depuis qu'elle l'a confondu. Cette scène en haut du causse qui ressemblait à un duel psychologique. Elle, au sommet de sa gloire, lui jetant son abjection à la figure. Elle, voulant s'assurer qu'il est mort de honte, le clouer au tapis de la culpabilité. Motivée par la jalousie, l'intolérance à l'imaginer poursuivre sa vie dans l'insouciance. Motivée par la colère qu'un des siens s'en tire sans comparaître, au mépris des règles dont elle est la gardienne. Et Wozniak, refusant d'y sacrifier sa dignité, considérant qu'il n'a pas à se justifier, en dépit de l'appréhension qu'elle aille tout balancer.

Maintenant elle est de retour, avec l'air de celle qui a envie de faire la paix.

— J'ai pas eu l'occasion de te le dire. Je suis mutée en Lorraine. Brigade de recherches.

Ils sont partis en direction du centre. Le soleil brille sur le grillage blanc d'une manufacture délabrée.

Wozniak pense à Laure. Son mari qui est revenu. La séparation, alors qu'ils vivaient ensemble. Les choses qu'elle lui a dites. Il y pense sans arrêt, sa tête ne donne pas l'impression de s'éteindre, y compris la nuit.

— T'es contente ? Tu crois que ça va te plaire ?

— Oui, je crois que ça va me plaire. J'ai commencé mes valises. Je sais pas à quoi ça ressemble, ça sera la surprise. Il paraît que c'est près de la frontière.

Après le pont rouillé, ils commencent à gravir une route mal entretenue, avec des nids-de-poule rebouchés d'une couleur différente. On sent le malaise entre eux, ce gros sujet pesant. Wozniak n'a pas digéré la façon qu'elle a eue de le mettre sur le gril, il ne pourra pas l'effacer de sitôt. Ce n'est pas une affaire de rancune ou de pardon, il ne lui en veut pas, c'est juste que la blessure est irréversible.

Elle est déjà devant lui lorsque la pente s'arcboute. La route est belle à surplomber la rivière. Bientôt ils vont dominer le jardin de Laure, le jardin de Richard, pelotonnés en bas ; ils distingueront les propriétés à travers la végétation.

— Crois-moi. T'es en train de faire une connerie.

Elle dit ça sur un ton qui n'a de conciliant que l'apparence. Mais ça relève d'une tentative d'apaisement, d'une volonté de nouer le dialogue.

— Méfie-toi, elle vit trop dans son monde. On sait jamais à quelle température on va la retrouver d'un jour sur l'autre. Elle est dépressive.

Soraya est régulière dans sa foulée, infaillible dans l'effort, quand Wozniak n'a d'autre choix que de décélérer sous l'inclinaison.

— Tu n'as pas besoin d'elle. Quitte le pays. Va-t'en et recommence ta vie loin d'ici. Puisque c'est ce que tu voulais…

Il est rincé. Il s'est endormi tard. Il a eu un sale rêve. Il en a marre, le maillot plaqué au torse par la sueur. Soraya ne transpire que de l'aigreur, via cette plaie d'amour-propre qui la rend mauvaise. Il la préférait légère, lui racontant ses histoires de cœur ; il la revoit traverser la cuisine avec une boîte de glace en équilibre sur la tête. Dans la côte, elle lui a pris deux mètres. Puis trois, puis cinq. Il sait le bien-être immédiat qu'il aurait à s'arrêter. Il s'arrête. Soraya n'est plus qu'une vague odeur de lessive véhiculée par le vent. Puis sa silhouette est mangée par un virage. Qu'est-ce qu'il fait ? Il repart à rebrousse-poil, il redescend.

Oui, c'est ce qu'il voulait. Longtemps, il s'est contenu. Mais c'était profond, une longue angoisse, patiente et irrévocable. Un appel contre lequel on ne peut pas lutter. Il savait que sa disparition jetterait le chaos derrière lui. Mais il fallait ne penser qu'à lui, ne pas songer aux conséquences. L'infamie d'abandonner sa famille ne pesait pas dans la balance.

Wozniak franchit le pont en sens inverse quand Soraya le rattrape. Elle ralentit à sa hauteur, laisse filer un moment avant de reprendre la parole.

— À la fin, elle m'envoyait sans arrêt des messages. J'ai eu du mal à m'en dépêtrer. Elle a une personnalité hyper dépendante. C'est une manipulatrice égocentrique.

Il n'est pas en état de recevoir ça. Pas en état de discuter avec Soraya. Il sent la rage monter en flèche. Les veines lui dessinent des moulures sur les tempes.

— Tu regardes trop la télé. Tu vas bientôt me raconter qu'elle est bipolaire ?

— Je t'assure qu'elle est schizo sur les bords. Je la connais mieux que toi.

Peut-être, mais qu'est-ce que ça changerait ? Au moins Laure accepte sa noirceur. Qu'est-ce qui l'empêcherait de tout miser sur elle ? Il ne s'est pas défaussé de son quotidien pour redevenir prudent aussi sec. Il est à son compte maintenant, il choisit ses options sans demander la permission. Il est dans le risque, tout en déséquilibre. Il est de retour parmi la race des locataires, celle qu'il n'aurait jamais dû trahir, à laquelle il s'est toujours senti appartenir. Le capital immobilier, la propriété privée, c'est fini. Il s'est libéré de ce fer qu'on vous passe au cou pour que vous restiez sage.

— Elle est dans la séduction, elle minaude, elle fait sa petite malheureuse.

— Tu fais chier, Soraya. Tu reconnais au moins que son mec est une ordure ?

Il se fout de savoir laquelle dit vrai dans les versions divergentes qu'elles donnent de leur liaison. C'est leur affaire. S'il est un défaut qu'il n'a pas, c'est bien celui de se mêler des histoires des autres.

— C'est vrai que tu t'y connais, toi, en ordure…

Wozniak se jette sur elle, ils roulent dans le fossé. Soraya se retrouve plaquée au sol, un avant-bras lui barrant la gorge. Elle le regarde dans les dents, comme on se méfie d'un chien violent, elle devine qu'il faut seulement laisser se tarir la mauvaise pulsion. Et bientôt Kamel se met à percevoir les piqûres des orties sur ses jambes, son front, ses joues. Qu'est-ce qu'il en a à foutre ? Il est bien là-dedans, à l'épreuve du mal. Le calme revient, progressivement, le serrement s'atténue dans l'aorte, la contraction dans les tripes. Et il parvient à évacuer quelques mots à travers ses mâchoires cadenassées.

— Tu sais pourquoi j'ai tout largué ? Je vais te le dire. J'ai fait ça parce que ma femme s'est acheté une paire de chaussures à six cents balles.

La brûlure cutanée se mêle à la brûlure intérieure. Il relâche l'étreinte, se redresse et lui tend la main pour l'aider à sortir de là.

— Ça t'épate hein ? Toi, tu devrais comprendre pourtant.

Wozniak traîne en bas, il astique la cuisine, range le salon. Le ménage lui change les idées. Il évacue les poussières et les pensées remâchées. Il met à jour la vision qu'il a de son expérience, immergé au plus profond de lui-même, au point qu'il a balayé l'escalier sans vraiment s'en rendre compte, grimpant les marches à reculons. On devrait toujours s'astreindre à une séance de balai avant une grande décision. Dans sa chambre, il déplace le lit, gestes méticuleux pour rassembler les monceaux de saletés.

Delmas ne constitue pas seulement un obstacle, il incarne aussi un moyen, une source de devises. Tout le monde a des ennemis, même si la plupart des gens l'ignorent. Son élimination ne serait une perte pour personne. Surtout, il ne serait pas mort pour rien, comme tant d'autres, de s'être trouvé au mauvais endroit. Il serait mort pour servir une cause qui le surpasse. Kamel aime Laure, ou quelque chose d'approchant. Il la veut pour lui seul. Il ne s'agirait en définitive que de substituer son intérêt à celui de Victor.

Il songe à ça, au sang de cet homme qu'il faudrait faire couler. Cet homme en bermuda et jarrets laiteux qui se prélasse au soleil dans un transat, et que Wozniak observe à la dérobée par la fenêtre. Lui fracasser le crâne contre une pierre, lui débiter les membres au taille-haie. C'est pour les fêtes qu'il est revenu. Laure s'en doutait un peu, mais il a eu la bonne idée de prévenir la veille, de sorte que Kamel a pu gommer tout ce qui aurait trahi son séjour chez eux. Dans un angle du jardin, pantalon de travail roulé à mi-mollet, elle plante sa bêche près du massif de forsythias, à deux pas d'une brouette d'où dépasse un arbuste. Elle cogne du pied pour enfoncer le métal jusqu'à la garde, retourne les mottes. Elle répète ce mouvement à l'énergie virile. Wozniak décode le symbole, celui d'une tombe qu'on creuse. Il n'a pas trop perdu en clairvoyance, malgré la précipitation des dernières semaines. Il a encore une réserve de lucidité pour appréhender les choses. Jusqu'aux avertissements de Soraya, qu'il a enregistrés. Le jeu trouble de Laure.

Vers midi, Kevin et Lisa viennent lui porter une cagette de légumes. Ils ont commencé à blanchir le liquide, déposant de petites sommes chacun sur son livret ainsi qu'ils le feraient de leur argent de poche. Surexcité, Kevin raconte ça en jonglant avec trois oignons. Ce soir ils vont bivouaquer tous les cinq dans le but de s'exonérer des fêtes. Le coin se trouve près d'un ruisseau, à moins d'une heure de marche. Un spot fatal avec une belle paroi.

Kamel décline l'invitation sans invoquer d'excuse. De toute façon, ils ont pigé pour Laure et lui. C'est ce que signifie Lisa, avec son clin d'œil furtif.

— Tsssss... Tu sais pas ce que tu loupes. Mais t'as sûrement mieux à faire.

Quinze ans plus tôt, Wozniak aurait été raide dingue d'une fille comme elle.

— Au cas où, on fera des nuages de fumée, si tu veux nous retrouver... Comme des Cheyennes.

Ça la fait marrer. C'est sa spécialité de dire des trucs fantasques.

Ils ont déjà franchi le portail lorsque Kevin énonce une dernière mise en garde.

— Tant pis pour toi, tu vas te fader la sono trois nuits durant.

Kamel est assis sur le canapé, dans la semi-obscurité du volet bloqué, à piétiner dans sa chimie cérébrale. Ses pensées sont une longue plaine dans laquelle on se traînerait en béquilles. Parfois il lâche un rugissement muet. Le chat le regarde, coulé entre les boules à neige. Il est mal. Il revoit ce rêve immonde. Il a rêvé que Bénédicte et les enfants demandaient après lui en ville. Qu'ils finissaient par trouver la maison des Delmas, entraient sans sonner. Ils le surprenaient là, en ménage avec Laure. Une bière à la main, affairé autour d'un barbecue, dans la compagnie de quelques amis bien sentis. Le plus atroce : ils n'étaient pas furieux mais soulagés de le retrouver vivant. Bénédicte demandait à voir son prénom tatoué sur la poitrine.

Après avoir foutu sa famille en l'air, il tue un homme pour lui voler sa femme et ses économies. Ça ferait de Kamel la brute sanguinaire qu'on attend de lui. La trajectoire convenue dont les journaux ne s'étonneraient qu'à peine. À coup sûr, les gens comprendraient mieux s'il tuait Delmas en plus du reste. Ils auraient plus de tolérance pour cet assassin sans scrupule, plus d'empathie que pour le scélérat qui se contente de bousiller la vie de ses proches parce qu'il n'est pas capable d'endurer le quotidien comme tout le monde.

Et pourtant il n'est que ce scélérat.

Il voulait juste s'offrir un pas de côté, en forme de grand écart. C'était ça le concept, le besoin vital. Tuer un homme pour de l'argent, non.

Il repense à une scène, un jour où il a vu un camion de déménagement renversé sur l'autoroute. La sueur froide qu'il a éprouvée de voir tout ce qu'on peut entasser avec les années, répandu sur le bitume, cartons de vaisselle éventrés, vêtements, meubles disloqués, matières plastiques roulées par le vent. Et les voitures qui dépassaient en ralentissant à peine.

Ce n'est pas parti de là, mais un signe annonciateur, pourquoi pas.

Il avait encore ce souvenir en tête, plusieurs années après, lorsque sa raison de vivre ne consistait déjà plus qu'à rembourser des crédits, accumuler les objets, les appareils, multiplier les abonnements, les contrats d'assurance. Acheter, penser à l'argent toujours. Poursuivre pour que rien ne s'écroule. Travailler à seule fin de perpétuer le train de vie moderne, en être complice, maintenir la surenchère jusqu'au dernier souffle, transmettre le virus à la progéniture.

Souvent il cherche l'élément déclencheur, le détonateur posé sur le sac de poudre. Cette histoire de chaussures à soixante sacs, ce n'est jamais qu'un symptôme. Une telle dépense, à ce point futile et insensée, c'était fouler aux pieds tout ce qu'il est. En un sens, c'est vrai qu'il s'est barré pour ça. Ce n'est pas tant une question de fric. Question de valeurs morales. Elle prétendait qu'elle avait craqué, avec sa moue de culpabilité pétillante. Mais pour Wozniak, elle venait de flamber ce que sa mère gagnait dans les latrines d'une station d'essence à trente heures par semaine, ou à peine plus à nettoyer les bureaux d'un ministère.

« Tu as déjeuné où ce midi ? » « Les enfants, le dîner est servi. » « On déjeune chez mes parents dimanche. » C'est *idem*. Question de valeurs. Dans sa langue à lui, on mange, on bouffe. On ne déjeune pas, on ne dîne pas. Simple dissonance de langage. Encore du registre du symptôme. Rien qu'un détail.

Ils étaient jeunes quand ils se sont rencontrés, pas faits pour aller ensemble. La famille de Bénédicte avait du fric. Wozniak sortait de prison. Elle aimait sa force de caractère, sa capacité à bousculer les lignes du déterminisme, sa brutalité natale enrobée sous les convenances acquises. Il a longtemps cru qu'elle était la chance de sa vie, il aimait sa culture et son assurance, sa manière subtile de juger les choses. Au point de se tatouer son prénom sur le torse.

Quinze ans plus tard, il ne voyait plus en elle que la femme au foyer débordée par l'incarnation de son rôle social. La bête de consommation, la créature superficielle. La mentalité immature et péremptoire de celle qui n'a jamais manqué de rien, qui a une haute idée du confort et les moyens de l'assouvir.

Il y a pire : la femme de ménage. Il était contre, il s'y est opposé tant qu'il a pu. Il n'a pas eu gain de cause. Un jour elle était là, prolétaire à domicile. La honte lorsqu'il la croisait, le sentiment de se déshonorer. C'est peut-être le détonateur. Déléguer ses basses œuvres pour se dégager plus d'oisiveté. C'est ignoble de faire ça. Quand on a suffisamment de fric pour se payer une bonne, ça signifie qu'on en gagne trop. Bénédicte excellait dans le rôle de la patronne de maison écrasée par les responsabilités, elle se délectait à dispenser ses consignes d'une voix complaisante. Oui, c'est sans doute ça, la ligne blanche. C'est sa mère qui s'invitait dans la figure de cette semi-esclave à leur service, avec son point d'honneur à se rendre irréprochable, la dignité qu'elle abritait sous un silence docile. Elle leur savait gré de lui consentir leur saleté. Wozniak détestait sa reconnaissance à leur égard. Parfois, il aurait aimé lui dire de tout piller chez eux, voler les valeurs et saccager le reste, la vaisselle, déchirer les vêtements, les livres, casser les pots de confiture, les bouteilles de vin sur le carrelage, fracasser le violoncelle et les raquettes contre les murs.

Voilà l'héritage que Bénédicte a inculqué aux enfants, les érigeant en gosses de riches. Bons bourgeois baptisés. Égoïstes et gâtés, vendus aux écrans. Chatons grandis trop à l'abri des privations. Écoles privées. Êtres insolents sûrs de leurs personnes, sûrs de leur loi, qui renvoyaient Wozniak à son impuissance à être père. Et leur conscience intrinsèque de n'avoir jamais à craindre le besoin matériel, de toujours pouvoir compter sur la transmission du patrimoine dans lequel la belle-famille puisait son train de vie.

Un jour, sans un déclic particulier, il a compris que ses gosses avaient cessé depuis longtemps d'être les petits jouets innocents qu'il chérissait jusque-là. Et que ça n'irait pas en s'arrangeant.

Encore un détail : il n'est jamais parvenu à obtenir d'eux qu'ils éteignent la lumière en quittant une pièce. Pour ça non plus, il n'a pas eu gain de cause.

La sensation de ne pas habiter dans ce foyer, de s'être trompé d'adresse. Parfois il pouvait traverser l'appartement sans que personne ne lève la tête. Le coupable c'est lui, sans doute qu'il n'a pas su insuffler le projet commun d'une famille. Il n'a jamais su parler. Il n'a jamais su faire autrement que de ne rien dire. À toujours garder ses cartes en main, il demeurait un étranger aux yeux des siens, un étranger familier, un joueur qui ne donne pas à voir l'entièreté de son jeu, qui n'en dévoile que certaines facettes, au point que personne ne peut se prévaloir de le connaître vraiment. Même pas lui. Il ne savait que se renfrogner, ressasser longtemps, convertir le ressentiment en amertume. Il n'a jamais été capable de parler de ce qu'il ressent, autrement que par la violence.

Peu importe, il ne s'agit pas d'avoir un avis maintenant, de tirer des leçons. Bénédicte le trouvait introverti, susceptible, un peu trop fragile et rigide. Comment peut-on être à la fois fragile et rigide ? Mais si, d'après elle ça existait. Elle avait sans doute raison.

C'était intenable. Il n'aurait pas pu survivre à un Noël de plus, avec le déluge de bouffe et de cadeaux, les emballages, les guirlandes dans les rues, le sapin décoré dans l'appartement, toutes ces conneries d'artifices. Il restait le divorce. Pour ça, il aurait fallu parler, argumenter, se confronter à la justice. Et à la fin il aurait fallu payer une pension, continuer à gagner plus d'argent.

Il n'y avait pas de meilleure issue que de bifurquer dans la bretelle de déviation, sans mettre le clignotant.

À présent, il imagine la photo de lui, dans un cadre sur un buffet, comme la femme de Richard. La veille au soir, il avait embrassé ses gamins dans leurs chambres, et c'était comme s'ils le sentaient, à leur façon inhabituelle de passer leur bras autour de son cou. Ou peut-être était-ce lui qui les étreignait différemment.

Un jour, en se remémorant la scène, après des années de questionnement sur sa disparition irrésolue, ils comprendraient peut-être qu'il n'est pas mort. Ils envisageraient que leur père n'était pas l'homme qu'ils ont cru connaître. Alors ce serait la leçon de leur vie.

Kevin a vu juste, la pulsion assourdie des enceintes se propage jusqu'au meublé. Couché sur le canapé, Kamel termine le manuscrit de Villersexel. C'est le genre de polar inconsistant qui monte au gré des rebondissements grotesques et des fausses pistes réglementaires. La redescente est nulle, le dénouement bâclé à coups de coïncidences improbables. Un bruit sur la terrasse le tire de sa lecture. Bien lui a pris de fermer la maison. Quelqu'un se présente, quelqu'un qui toque aux carreaux de la cuisine, puis au store du salon, et dont Wozniak n'aperçoit qu'une paire de santiags à talons biseautés. C'est Delmas. Kamel reconnaît son visage à l'envers lorsque celui-ci se penche pour jeter un œil sous le volet coincé. Il regarde partout sans voir nulle part, balayant la pièce sans discerner la masse obscure sur le canapé. Glaçant face-à-face où rien ne bouge que les yeux du voisin. Il tient la position une minute, à scruter, avec sa mèche insupportable qui pend dans le vide. Wozniak a tout le temps de peser le pour et le contre. Il n'aurait qu'à se lever, accueillir la proie dans la maison, lui briser les cervicales. Ça serait vite fini.

Kamel a mis sa casquette, sa chemise de bûcheron par-dessus son T-shirt. Sur la balancelle, il repère des bouquins, des fascicules d'histoire locale, motif ou prétexte de la visite de Delmas. Wozniak imagine le cinéma qu'il s'est épargné en ne lui ouvrant pas.

Et peut-être que Victor s'en sort encore mieux, d'avoir trouvé porte close.

Il longe la route, prêt à braver la foule. Laure lui a expliqué le principe : les estrades dans le parc, les concerts et les buvettes, les barbecues qui fument pendant trois jours et trois nuits, le génocide des grillades, les mecs qui pissent aux coins des rues, les mains au cul dont on n'est jamais à l'abri, voire pire. La musique s'amplifie, il saura dans un instant à quoi ressemblent ces fameuses fêtes.

Sur l'esplanade, c'est bien cette émeute stagnante que lui ont décrite Lisa et Kevin tout à l'heure, où les gens ne sont qu'un bloc errant, à l'affût d'un truc qui se produirait, un souvenir ou une anecdote, en générant des tonnes de déchets. Quant à Laure, elle n'a oublié qu'un ingrédient, la course cycliste en boucle dans les quartiers anciens, les coureurs qui déboulent, penchés dans les virages, frôlant les spectateurs ameutés derrière les barrières.

Un peu à l'écart de l'agitation, Kamel entrevoit Richard sous les arcades, sanglé dans un costume de cultivateur endimanché. Grand chapeau noir et foulard de soie. Wozniak pensait tout savoir de Villersexel, cependant il ignorait que l'assureur dansait dans un groupe folklorique. Ils viennent de terminer leur représentation et déjà la troupe en sabots s'égaille sur la place du marché bondée. Richard s'attarde auprès d'une femme en robe épaisse de paysanne et corsage en lin. Ils se retiennent par les yeux, comme pour différer le moment de se quitter. Villersexel compte parmi ces personnages insolites dont on peut se moquer sans malveillance, ces seconds couteaux qui travaillent dans l'ombre à boucher les trous dans la mécanique de l'histoire, et qu'on laisse trop souvent sur le bord dès qu'on n'a plus besoin de leurs services.

Maintenant, Richard et Kamel discutent près de la fontaine, à portée des clameurs de la course qui s'élèvent en même temps que le retour du peloton. Villersexel n'a pas eu l'occasion de venir à la maison ces jours-ci, pour la raison qu'il est monopolisé par les fêtes, dont il est l'un des piliers du comité d'organisation. De fait, ils ne se sont pas vus depuis ce soir illustre, celui où il a fini la nuit sur le canapé dans sa salopette de clown, totalement ivre, après le récit du suicide de sa femme, tandis que Wozniak se demandait quel épisode il avait raté pour avoir toujours cru que le fourmilier famélique s'était fait plaquer.

— Je vais me refaire la cerise. Je vais arrêter mes conneries. Après les fêtes, je pars une semaine sans les enfants.

Pour preuve de ses bonnes résolutions, il entraîne Wozniak à la terrasse d'un café et se commande un jus d'ananas. Kamel a flairé que la paysanne n'est pas pour rien dans ce revirement. Richard enlève son chapeau pour brosser le paillasson ras de ses cheveux. Elle est prof de maths, elle a divorcé récemment. En vérité, il lui fait la cour depuis des mois. Il s'est bien gardé de parler d'elle à Wozniak, en mélancolique invétéré qui préfère extérioriser ses plaintes plutôt que ses désirs.

— Je te signale que c'est la vraie définition des vacances ! Toi, tu ne sais pas ce que c'est que d'être libéré de ses obligations familiales, ne serait-ce qu'une semaine...

Wozniak pourrait le doucher sur place, mais il préfère reconnaître qu'en effet il n'a aucun élément d'appréciation. Richard s'attarde un moment, enthousiaste, à monologuer sur son petit bonheur. Ce n'est pas sûr qu'il se souvienne des confidences intimes qu'il a lâchées l'autre soir. Par exemple qu'il pissait parfois au lit depuis la mort de sa femme. Par exemple qu'il a failli se pendre à plusieurs reprises avec la corde à sauter, lorsqu'il débarquait à la maison en l'absence de Kamel.

Enfin, il n'a pas l'air si mal en point à présent. Il donne les gages de celui qui remonte la pente. Il déguste son jus de fruits du bout des lèvres, inclinant son verre de façon si minutieuse que le débit paraît calculé au plus juste. Et puis il prend congé pour aller se mêler d'un pépin du côté des barnums de friteuses qui font péter les groupes électrogènes. Ils se reverront le lendemain, alors que la ville sera sous la pluie, noyée sous l'eau, les fêtes interrompues, les platanes poussés au milieu de l'eau sur l'esplanade, les voitures flottées par le courant, échouées dans le bouillon du déversoir.

Kamel reste à observer les déambulations derrière la paire de verres fumés qu'il a barbotée à Delmas. Ça relèverait d'une coïncidence idiote, s'il le croisait dans l'affluence, avec ses santiags et sa mèche. Il se boit un deuxième déca, tranquille. C'est dans ces rues qu'il a suivi Laure la première fois. Il se souvient de sa tenue à elle, de sa disposition d'esprit à lui. Il met en abîme le chemin parcouru depuis son parachutage. C'est de cette table de bistrot qu'il pense, tandis que circulent les pichets d'alcool, tandis que tonnent les refrains d'une fanfare à quelques rues d'intervalle. Il réfléchit aux années passées, avec toute la distance. Il déroule sa vie, en regardant la multitude des gens, mais c'est sur sa vie qu'il braque le projecteur. Il voit tout, lucide. Il constate le massacre. Rien ne s'est construit sans heurts, pour le moins. C'est un long processus, singulier. Mais c'est bien lui, en filigrane, ce personnage impossible à assumer, assis au milieu de la foule, dans le vacarme. Il se lève et rentre chez lui. Il sait ne pas être à la hauteur de ce qu'on attend d'un individu responsable. Il n'est pas fier de lui. Mais il n'est pas payé pour avoir des bons sentiments. Il est là. Il s'en est sorti. Il remercie son étoile de l'avoir fait transiter par tout ça. Il a tout encaissé. Au fond, chacun vit pour soi. On ne vit que pour soi, on est tout seul. Même si c'est égoïste, même si c'est salaud. À présent, c'est un nouveau départ. Il n'est plus ce qu'il a été naguère. Il voudrait qu'on blanchisse toutes les traces de l'homme qu'il incarnait avant sa bascule. Il voudrait n'être qu'un passant dans la rue.

Un jour, par hasard, il est tombé sur un témoin du passé, une réminiscence de la salle de boxe. Au cours d'une fête chez des amis d'amis de Bénédicte. Un loft gigantesque avec une vue parfaite sur la ville, la carapace monochrome des toits dans l'éclairage nocturne. C'était il y a deux ou trois ans, Wozniak ne s'était pas encore résolu à cacher des billets pour le cas où.

Il n'y avait pas de gêne entre eux. Ils avaient discuté un bon moment, légèrement à l'écart, près de la grande terrasse, dans l'intimité qu'offrait le tapage ambiant. Sabrina aussi s'était départie de son phrasé des cités. Kamel se remémorait sa drôle de garde, très désaxée, de profil, dos enroulé. Ils ne sombraient pas dans la rétrospective, à peine une séquence de nostalgie badine. Wozniak s'efforçait de rester à la surface, de ne pas plonger dans cette période qu'il ne fréquentait plus jamais, même en pensées. À la demande de Sabrina, il avait décliné les noms et âges de ses enfants. Elle n'en avait pas. Après avoir ramé quelques années en tant que commerciale dans diverses boîtes, elle était devenue responsable marketing dans le commerce en ligne. Elle portait des bottes par-dessus un jean étroit, moulant au point qu'on n'aurait pas pu glisser un ticket de métro dans ses poches. À travers les longues vitres ouvertes, les toits en écailles de tortue ruisselaient sous la pluie fine.

— J'ai appris pour ta mère. Désolée.

Kamel avait fait mine de ne rien ignorer. Le visage absent, il digérait le coup, regard tendu vers la piste de danse. Son activité mentale était retranchée loin derrière l'écran de ses yeux. De sa cabine, le disc-jockey mobilisait les troupes au centre de la pièce. Wozniak n'avait pas cherché à la revoir, ni après la prison ni plus tard. Ce n'était pas tellement pour lui faire payer l'absence de visites. Les années avaient passé, comme ça. À tout le monde, il prétendait qu'elle était morte, même à sa femme, même à ses gosses. Ce n'était pas non plus qu'il avait honte d'elle, maintenant qu'il frayait chez les riches. C'était autre chose. Il y avait une autre raison, une seule. Il ne voulait pas qu'on se souvienne de celui qu'il était avant. Et désormais, elle avait disparu pour de bon. Il ne savait ni quand ni comment. La musique avait monté d'un cran. Il ne montrait rien de l'intérieur, les dents serrées à pierre fendre. Les mots, les sentiments lui venaient par paquets, sans suite logique. Il restait planté, légèrement dissocié, avec juste un voile de défi sur le visage, comme un sale gosse buté. L'illusion de flotter dans le vide, comme lorsque les portes s'ouvrent et qu'on pige à contre-temps que la cabine d'ascenseur n'était pas là. Parmi la cohue, il apercevait Bénédicte, sémillante, très en jambes dans sa robe argentée, hurlant sa joie de vivre à la lumière stroboscopique. Un téléphone sonnait dans la nuit de sa tête, qu'on ne décroche pas, une sonnerie à l'ancienne, intempestive. L'air du dehors était frais dans son dos, malgré la pluie qui déchaulait, tiède. Puis Sabrina lui tendait un verre de cocktail. Sa bouche renflée se mouvait devant lui, sans que ses paroles ne percutent vraiment aux tympans de Wozniak. Par elle, le passé revenait à l'attaque. Et pourtant, il lui savait gré d'être là ce soir, rempart aux faux amis, aux trentenaires de la classe dorée qui peuplaient la fête. À cette époque, il se traînait déjà sa vie comme une caravane qui n'aurait pas de roues. Il se battait avec ses journées une par une, évitant de songer aux milliers qui viendraient encore. L'idée d'une démission se ramifiait en lui, une démission générale. Grimpée sur une enceinte, Bénédicte levait le bras gauche, dressait le bras droit. Son sourire éclatant lui mangeait la moitié du visage. Elle s'adorait, à offrir en spectacle toute l'étendue de sa vacuité. Et c'est cette femme dont il avait le prénom gravé sur la poitrine. Il sentait qu'il faudrait sauter quelques cases, procéder à un genre d'ellipse.

Le lendemain, Sabrina lui avait envoyé un message. Ils se sont revus. Ils ont bu un verre dans un bar. Elle sortait du bureau. Chignon haut, cheveux tirés à l'extrême. Elle se tenait droite, le buste en avant, les bras sur la table, mains bien à plat l'une sur l'autre. D'autrefois, elle avait conservé des impulsions de tête, des expressions typiques sur le visage, en plus de son débit rapide. Ils ne parlaient pas de ça, du chemin parcouru, de ce à quoi ils s'étaient arrachés pour aboutir à leur nouvelle condition : la compétition du marché, le cauchemar managérial. Wozniak considérait les clients autour, il notait sans le vouloir les détails de leur accoutrement, les aspérités de leurs attitudes. Puis son regard se reposait sur Sabrina, ses yeux fardés, sa couche de rouge à lèvres qui lui faisait comme une plaie sur la figure, la rangée arythmique des dents du bas. Il glissait le long du cou, dans la faille de son chemisier, juste ce qu'il faut, tout en contrôle, juste la dose nécessaire pour s'enivrer.

Il ne savait plus où il en était, mais c'était bon d'accepter un dernier verre chez elle. Le bruit de ses talons sur le trottoir, dans les escaliers. Elle vivait seule, célibataire dans un deux-pièces mal isolé. Il y avait des peluches dans le salon, sur le canapé, les étagères, d'ordinaire ça l'aurait désolé, mais pas là. Au fond d'un fauteuil, il se laissait étourdir par les jambes croisées de Sabrina, la texture du nylon. Ils ne parlaient pas vraiment, elle se contentait de souffler sur les braises d'une conversation de faible intensité. Du bout du pied, elle jouait à balancer son escarpin à demi déchaussé. Il se demandait comment ce serait avec elle. Il s'autorisait à imaginer les choses. Il repensait à sa garde singulière, oblique, recroquevillée. Dans son souvenir, elle expédiait des frappes soudaines, qu'on ne voyait pas surgir. Il se demandait si ce style pouvait interférer dans son comportement sexuel, s'il pouvait exister un lien, des passerelles d'équivalence.

Dans les semaines qui suivraient, il regretterait parfois d'avoir quitté le deux-pièces sans rien essayer. Mais Sabrina n'était qu'un trompe-l'œil, elle ne recouvrait que la piètre échappatoire d'un adultère. Une liaison n'aurait rimé à rien, sauf à s'enfoncer plus loin dans les sables mouvants. S'ouvrir à autrui, partager son intimité, c'était se disperser, se mettre une entrave de plus. Il valait mieux aller de l'avant. Se payer une sorte d'amnistie. Il valait mieux s'esquiver.

Kamel est couché depuis longtemps lorsque la porte claque en bas. Il est cinq heures du matin. Une foulée martèle l'escalier en fonte. C'est Laure, affolée, les yeux rouges.

— Viens vite. Il est mort. Je l'ai garrotté.

Il a déjà bondi dans le couloir mais elle le retient par le poignet. Elle se jette dans ses bras pour l'embrasser.

— C'est grâce à toi que j'y suis arrivée. Moi aussi j'avais besoin de tout déconstruire.

Sa déclaration résonne sans qu'il puisse l'interpréter tout à fait. Ils traversent les deux jardins en courant jusqu'à la chambre de Victor. Elle a dit vrai. Delmas gît sur le dos, le gras du ventre débordant de sa chemise comme un pétrin de boulanger. Sa tête pendouille au bout de son cou qui ressemble à un tuyau en caoutchouc.

— Il est rentré complètement bourré. Je suis allée chercher une cordelette. J'ai l'impression qu'il s'est à peine rendu compte qu'il mourait.

Pas si sûr, à en croire la face congestionnée, la langue qui dégorge, les yeux exorbités dans les poches de graisse.

— Je l'ai attendu pendant des heures. Je l'attendais pour le tuer.

— Allez viens, on descend. On va faire du café.

— Il faut pas que tu me lâches, hein ?

— Non, t'inquiète. C'est pas prévu.

En bas, la cuisine est sombre, comme au matin d'une journée laborieuse. Leurs visages blafards, cette ambiance extrême dans laquelle les mots dignes d'intérêt ne viennent pas. Wozniak ouvre le frigo. Il hésite à préparer des œufs sur le plat, autant pour s'employer que pour rendre le climat plus ordinaire. Au lieu de ça, il prend Laure dans ses bras. Sous le T-shirt, il reconnaît son justaucorps imprenable, celui des grandes occasions. Il la serre fort avant de lâcher une phrase machinale.

— Et maintenant qu'est-ce qu'on en fait ?

— Le jour se lève. On l'enterrera demain soir.

Dans l'étreinte, il a la sensation de communier avec elle, d'éprouver son courage et sa fragilité. Le dos de cette femme, sa taille, la cambrure des reins, les hanches, c'est délicat. Cela tranche avec les brûlures de la corde sur ses mains, qu'il a vues tout à l'heure, des mains solides, rompues au maniement des outils.

— J'ai eu la peur de ma vie. C'était horrible. Il a respiré longtemps. Je le sens encore au bout de mes bras.

Le bruit d'ébullition, jailli des entrailles de la cafetière posée sur les flammes. Et puis celui du tonnerre au loin. La météo s'est dégradée très vite. Des nuages sombres piétinent sur le causse, l'orage monte son grand chapiteau. Wozniak se colle sous la douche et y reste une heure. Il commence à saisir le sujet dans toutes ses dimensions. Avec le décès de Delmas, il n'a pas d'autre choix que de vider les lieux. Juste au moment où il apprivoisait l'idée de se maintenir ici, faire son trou, avec Kevin et les autres crapules, avec Laure pas loin. Par son geste, elle précipite la cadence et tout s'emballe. Il va falloir évoquer l'avenir. Ça devient urgent.

En sortant, il pioche des vêtements dans la valise de Victor, sous son œil réprobateur. Le jour s'est levé avec un ciel de plomb. L'orage éclate, dans les échos sporadiques de la foudre, avec des coups de sabres électriques jetés à vide dans le ciel. Il enveloppe la masse inerte dans son drap-housse, avec un mauvais goût dans la bouche. Ce n'est pas tant la présence de la mort. Il a déjà vu des macchabées. Un Comorien d'à peine vingt ans qui avait pété une durite en plein match. Une voisine qui avait sauté du sixième. Un pote du quartier qui s'était fait planter pour une histoire de moto volée. Il y a plein de manières de claquer connement. Pour Delmas, ça l'aura cueilli dans son lit, bottes aux pieds, déguisé en cow-boy avec son ceinturon lui taillant la panse. Wozniak décide de s'arroger sa valise, pochette-surprise qu'il fait rouler jusqu'à l'escalier. Il descend les marches, il est bien vivant, lui. Il continue de passer entre les gouttes, il pare les coups, il est méfiant, il évite les obstacles, parfois à la seule faveur d'un pressentiment. Ou alors c'est peut-être que le hasard ne s'est pas encore intéressé à son cas.

Il ne parvient pas à évacuer le sentiment d'avoir entraîné Laure dans le sillon de ses propres bêtises. Il n'a rien dit lorsqu'elle a parlé de tuer son mari, il n'a lâché que ce demi-sourire, devant une blague douteuse. Il a pris ça comme une idée qu'on lance en l'air et qu'on oublie avant qu'elle retombe. Même s'il savait bien que Laure le testait, même s'il a lui-même étudié l'éventualité sous toutes les coutures. Et maintenant Laure a commis l'irréparable.

Elle est couchée sur le grand canapé, les genoux remontés sur la poitrine, un mouchoir serré dans le poing. Elle dort comme une petite chatte, la tête sur les pattes, couinant sous l'effet des spasmes qui la traversent.

La matinée se dévide toute seule, sans qu'ils bougent du salon, assis sur le canapé l'un à côté de l'autre, aussi creux et vains que s'ils attendaient un bus qui ne vient jamais. La maison est sous le statut d'un drame à huis clos, lorsqu'on ne sait rien du dehors. Le vent hulule par la cheminée. Le plancher du premier craque, comme si Victor s'était relevé. Laure a posé la tête sur l'épaule de Wozniak, les mains serrées entre les cuisses. Elle porte un pull lâche et un caleçon long, les pieds nus. Son estomac émet des gargouillis. Balayée par les rafales, la pluie fouette les baies vitrées. On jurerait que les éclairs sont excités par la brouette remplie d'eau près de la haie, avec l'arbre de Laure qui baigne dedans.

— C'est un pin parasol, je l'ai acheté pour lui.

Wozniak la sent qui trépigne, peinant à garder le silence. C'est elle qui tient la barre. Elle a tué Victor, elle a pris l'initiative. Elle a déjà planifié les funérailles. Elle connaît sûrement la suite. Kamel est pris de court, il n'est pas doué pour les décisions rapides. Mais si Laure a tout résolu, autant s'en remettre à elle.

— J'ai envie d'être une étrangère. Dans une grande ville, une langue vraiment bizarre, qui soit un filtre entre les gens et nous.

— Ils vont le rechercher...

— Qui ça ? Sa mère débloque dans une maison de retraite. Il a une sœur. À ce que j'en sais, ils s'appellent deux fois par an... Pour l'université, il a pris une année sabbatique. Avant que les flics s'inquiètent de lui, on aura prélevé tout son fric et changé d'identité.

— Son téléphone. Il faut faire gaffe avec ça...

Laure répond qu'elle s'en occupe. Qu'ils vont se casser loin d'ici. Rouler comme des touristes, prendre leur temps. Rien ne presse. Qu'ils s'arrêteront quand ça leur chante, repartiront si ça ne leur plaît pas. Jusqu'à trouver le bon endroit.

Avant midi, elle a bouclé son bagage. Un sac, des habits, quelques papiers. Elle laisse tout le surplus, même ses toiles, elle s'en moque, y compris celle de Kamel en robe de soirée, inachevée. La pluie persiste à planter ses globules dans l'atmosphère moite, mais Wozniak se décide à retourner aux Catalpas rassembler ses affaires.

— Minute, je t'accompagne, j'ai pas envie d'attendre ici toute seule.

Ils sont à l'étage lorsque Richard frappe à la porte, en bottes et ciré, la joue passée au fusain d'une barbe canaille. Il a de mauvaises nouvelles, le centre est inondé, la rivière occupe les rues, le causse est une éponge imbibée qui fuit de partout. Des morts sont à déplorer, des disparus, les fêtes sont annulées. Chez sa mère, ça va encore, la villa devrait être épargnée. Il est venu voir si tout allait bien par là.

Il se boirait bien un petit café. Il est rincé, il a dansé jusqu'à pas d'heure. Ou plutôt un Viandox. Il y en a dans le tiroir du vaisselier.

Laure est cachée là-haut. Elle entend leurs voix comme murmurées, de simples fréquences étouffées.

— En principe ça craint pas de ce côté, c'est toujours plus bas que la rivière déborde.

Richard a raison, l'eau n'est montée qu'aux rochers, la maison ne redoute rien, pas plus que celle des Delmas.

— Ils ont ouvert le gymnase pour reloger les sinistrés. Je pressens que le pire est devant nous. Si ça continue de pleuvoir à cette cadence.

Villersexel met des plombes à remuer son bouillon dans sa tasse, avec sa langue qui pointe à travers les lèvres entrouvertes. Ils sont dans cette cuisine tellement sombre que Wozniak allume la suspension, la faute aux nuages noirs et au store du salon, bloqué. Le même store bloqué qui avait justifié la première apparition de Richard. L'assureur lui avait alors débité la moitié de sa vie en moins d'une demi-heure, avec son penchant pour les flash-back. Cette séquence paraît très lointaine. D'ailleurs les cheveux de Villersexel semblent avoir poussé en conséquence, longs et fins sur les tempes.

— Et puis je te raconte pas le boulot qu'on aura à l'agence. J'ai plus d'un tiers de la ville en portefeuille...

Il n'a pas encore entamé son Viandox. Il s'entête à racler sa cuillère au fond de la tasse, une tasse de grès tout en grincements, avec l'air de puiser une profonde quiétude dans la régularité du geste. Dehors on entend les remous d'une gouttière qui déborde sur la terrasse.

— J'ai ramené Victor hier soir, le voisin. Il s'en est collé une sévère, avec un groupe de motards. À ne plus tenir debout.

Et maintenant Wozniak porte ses fringues. Il y avait quelque chose de sacrilège tout à l'heure, à enfiler le slip d'un défunt.

— C'est le principe non, c'est ce qu'ils font tous, dans ces occasions ?

— Oui, t'as raison. Bon, je vais y aller. Je vais pas tarder.

— OK. J'irai jeter un œil plus tard. Voir s'il y a pas un coup de main à donner.

Kamel sait qu'il ne reverra jamais le grand tamanoir. Voilà les derniers instants qu'ils s'accordent. Ils s'étaient attachés l'un à l'autre.

— Un dernier mot, Richard. Je m'en vais. Je te rends ta maison. Voilà. Je pars avec Laure. On part demain.

La cuillère s'est immobilisée. Le grand sifflet dresse ses oreilles pointues.

— Je te dis ça par correction. Et puis pour que tu ne sois pas surpris. Pour que tu n'ailles pas ameuter tout le quartier. On aimerait rester discrets, si tu vois où je veux en venir...

— Alors là, tu me scies les pattes... Ça me coupe les jambes... Et pour Victor, qu'est-ce que je lui dis ?

Wozniak s'est levé pour rincer sa tasse à l'évier.

— Tu lui dis rien. Tu n'es pas au courant. C'est tout. Il est grand, laisse-le se débrouiller. Et puis si j'étais toi, je me ferais pas de mouron pour lui, tu ignores peut-être les saloperies qu'il dit sur toi...

Tout l'après-midi, de nouveaux nuages se bousculent sans relâche, déversent leur cargaison, d'autres leur succèdent. C'est une journée spéciale, à la fois grave et légère. Avec un cadavre dans la maison, les choses du quotidien prennent un tour insolite, manger, regarder la pluie, passer d'une pièce à l'autre. À la tombée de la nuit, Laure et Kamel sortent creuser derrière les forsythias. C'est très long de creuser une tombe, c'est fastidieux, surtout dans le noir, ruisselants de sueur et d'eau de pluie, à patauger dans la boue. Elle a enfilé son pantalon de jardinier, un T-shirt blanc qui est le contraire d'un camouflage. Le bruit tranchant des pelles s'accompagne de son cri aigu où cohabitent la rage et la détermination.

Alors qu'ils ont excavé un mètre cinquante de terre, à bout de forces, elle plante sa pelle en décrétant une pause. Elle a le nez qui coule, de la glaise jusqu'aux cheveux. Son soutien-gorge se décalque sous son T-shirt trempé. Elle répète plusieurs fois qu'il faut le mettre plus profond, puis elle se remet à creuser, en reniflant. Kamel songe à ces instants de danger, de complicité sordide. La vie ne sera plus jamais stagnante après ça, plus jamais saumâtre. En remontant à la surface, il regarde la maison de Villersexel, il fait renaître en lui l'impression qu'il en a eue les premiers jours, alors même qu'il observait justement la maison de Laure, le jardin dans lequel ils exécutent désormais leur basse besogne. La nuit du causse est là, autour, venteuse. Le vent fait claquer les arbres comme des drapeaux. La rivière et son grondement corrosif, rongeant les berges.

Laure n'a plus l'énergie de projeter ses pelletées. Il lui tend sa main pour la hisser hors de la fosse.

Vers onze heures, ils descendent le corps par l'escalier, franchissent le salon toutes lumières éteintes, traversent la terrasse malgré la lune qui s'est percé un couloir à travers le brouillard et les nuages. Personne ne peut les voir, Kamel a mené une brève reconnaissance aux alentours, pour s'en assurer. C'est à ce moment qu'il a remarqué la fumée au-dessus de la ville.

Chavirer Victor dans son caveau, recommencer l'ouvrage à l'envers, c'est la routine. Puis Laure est allée chercher le pin parasol dans la brouette.

— C'est pas la saison pour planter les arbres, mais ça ira quand même.

À genoux dans la terre, elle tasse le sol, puis dispose les touffes d'herbe en couverture.

— On va semer un peu de pelouse par-dessus, pour faire plus propre.

De retour dans la cuisine, la lumière est trop vive. Elle enlève ses gants. Ils font tourner une bouteille d'eau, buvant au goulot.

— D'ici à ce qu'on s'intéresse à lui, le pin aura poussé, il aura fini de lui bouffer les tripes.

Des pouces, Kamel efface les coulées de boue sur le visage de Laure, ne parvenant qu'à les étaler. Elle décide d'aller se doucher. Mais d'abord ils s'embrassent. Et puis Wozniak part en expédition dans le bourg, en courant le long de la route. De là on entend le mugissement des sirènes, les consignes hurlées dans tous les sens. Les réverbères ont sauté. Kamel suit le cap indiqué par la colonne de fumée, du côté de la gare routière. Les premières maisons du centre ont les pieds dans l'eau.

Sur les pentes des hauts quartiers, le ruissellement du causse emprunte les ruelles en escalier pour rallier la rivière en crue.

L'impassibilité des flots. Les gyrophares repeignant les visages ahuris. Tout ça, Wozniak l'a vu de ses yeux. C'est glaçant comme spectacle, à la fois tragique et solennel. Plus loin, le Fast-Gronald est une carcasse exsangue, un amas de poutrelles qui refroidissent sous la batterie des lances. Drôles de circonstances pour un incendie criminel. Wozniak se demande s'ils ont voulu profiter du bordel ambiant, miser sur le surmenage des sapeurs-pompiers. Non, c'est sûr, ils ont prémédité leur forfait de longue date, sans préjuger de la météo. Leur proposition de bivouac n'était pas innocente. Les nuages de fumée, les Cheyennes. Wozniak se souvient comment Kevin lui a serré la main, une poigne forte et saccadée, celle d'un boxeur et d'un paysan, en même temps qu'une bise appuyée.

C'est du parvis de l'agence postale qu'il contemple la scène, au sein d'un groupe de curieux. Sous leurs imperméables réfléchissants, les soldats du feu s'activent autour du bûcher. Et parmi les uniformes bleus en faction devant le pont de fer, Kamel repère une corpulence qui correspond à celle de Soraya.

Sur la falaise, Kevin avait eu ce mot à propos du Fast-Gronald : « Je prends ça pour une armée d'occupation. Je considère qu'on est en guerre. » Eux non plus, il n'aura pas l'occasion de les revoir. Il n'existait aucune probabilité qu'ils se rencontrent, pas davantage qu'ils se prennent d'affection. Ils étaient peut-être arrivés au terme de ce qu'ils avaient à partager, c'était peut-être une fausse piste que d'aller plus loin avec eux. Wozniak éprouve de la fierté pour ces petits terroristes agraires. Leur capacité à s'investir dans la gigantesque entreprise qui consiste à essayer de changer le monde, et cette façon de célébrer leur installation par un symbole fondateur. Plus de gueule qu'une pendaison de crémaillère.

À ce moment-là surgit un bateau blanc sur la rivière. Ils sont nombreux dans l'assistance à pousser des cris de panique en comprenant que c'est un mobile home qui se déhanche sur les remous. La coque de plastique se dresse en beffroi avant de s'écraser contre le pont dans un choc de cymbales. En amont, ses frères se dandinent en file indienne dans le courant.

Laure a pris à gauche au portail, ils s'éloignent de la ville en plein chaos pour se mettre au sec sur le plateau. Ils quittent la maison aux volets mauves. Ils quittent les lieux en laissant des indices. Mais c'est le début de quelque chose. Comme lorsqu'on déménage ou qu'on part en voyage, qu'on peine à croire dans le bonheur de l'instant. Comme lorsqu'on a vingt ans et que tout est devant soi. Ils sont à bord de l'Ortega jaune. Wozniak a mis sa chemise de bûcheron à même la peau, sa casquette noire, un pantalon en toile rose, ancienne possession de

Delmas. Il porte aussi le poignet de force de Luc-Alban. Ses mains sont pleines d'ampoules, ultime cadeau de Victor. L'aube est brouillée comme l'haleine d'un vieil ivrogne. Bientôt le soleil se lèvera dans un ciel orange. Il va faire beau sur le paysage interminable du causse. L'horizon est une corde à linge sur lequel les arbres commencent à sécher.

Composé et édité par HarperCollins France

Achevé d'imprimer en France par CPI
en janvier 2020

Dépôt légal : janvier 2020
N° d'impression : 156978

Pour limiter l'empreinte environnementale de ses livres, HarperCollins France s'engage à n'utiliser que du papier fabriqué à partir de bois provenant de forêts gérées durablement et de manière responsable.